● 首批国家级新文科研究与改革实践项目『工艺融合的产品设计专业综合性创新人才培养模式与实践』基金资助

● 国家级一流本科专业建设点『产品设计』基金资助

● 湖南省普通高等学校教学改革研究重点项目『融合创新视域下产品设计专业人才培养的超学科范式及其实践研究』基金资助

西南大學出版社
SWUP
国家一级出版社 全国百佳图书出版单位

新科技革命背景下的工业设计教育变革

吴志军 杨元 那成爱——著

序一 / 1

最宏伟的建筑是一个民族观念的身躯——因为这个民族的未来、生命、信仰、道德、思想、知识、智慧、情感全存放在那里！

"科技创新"日益成了"商业模式"创新的催化剂。新科技革命正在重塑经济、社会和产业的发展范式，也正在为高等教育带来前所未有的影响，人工智能等新的科学技术的快速发展正在影响今天的教育、塑造未来的教育和改变着教育的未来。

新的高等工业设计教育观念，特别是高等工业设计教育的价值观，恐怕未必应该全然简单地按照商业和技术的发展而发展。在某种程度上，"工业设计教育的观念"是应该不同于西方国家的体系，而应有自己的、符合中国特色的体系。是商业或科技在引领"教育"，还是"观念"在引领教育？当然应该是后者！当前中国的工业设计教育过度西化或沉溺于所谓的"传统"中，工业设计教育过程中缺乏对中国大众的生活方式，以及中国制造业产业模式的研究和探索，工业设计教育"价值观"本体性的缺失，导致了设计教育理论体系系统性建构的困难。

人类在改造客观世界的过程中改造了自己，又以自己的意志再格式化世界。"设计"就是"人类的文明发展史"的见证。这是一部揭示人类在不断调整经济、技术、商业、财富、分配与伦理、道德、价值观的关系，以探索人类社会可持续生存的演进过程的历史的，可作为我们探索"中国方案——人类命运共同体"的"背书"。"设计"反映人类在不同时间、不同空间，将地域、地理、气候的区别，天灾人祸、战争瘟疫，迁徙交流、科学发现、技术发明、文化艺术、民风民俗等现象，置于同一维度上的选择。"设计"能引导我们系统地处于某一事物或现象的"语境"——"时代、环境、条件"等"外因"，从而能系统、比较地分析、发现事物发展的规律和趋势，而不至于只是孤立地从“表面现象”认识这个“复杂的世界”。文化只有代表文明的那部分才会成为不断被创造性转化的传统，才是有价值的。

当前中国工业设计教育理论的过度西化和自娱自乐，导致教育的改革和发展容易陷入简单模仿、碎片化、混乱、不可持续或者趋于保守的困境。虽然工业设计教育的规模早已占据全球第一的位置，但高端综合性的工业设计产业人才仍然十分缺乏，设计师人均创造的价值远远低于欧美等发达国家。在中国高等教育普遍重视科学研究或“市场化”的背景下，吴志军老师勇敢执着地坚持把主要的精力投入到设计教育的研究、改革和实践中，坚持耕耘在设计产业研究和设计教学实践的第一线，二十余年如一日，这种对职业理想的执着实在难能可贵。作为吴志军的博士后合作导师，甚感欣慰！

本书坚持按照“新科技革命→产业转型→教育转型与变革”的逻辑探索和实践工业设计教育的变革路径与模式，取得了可喜的理论研究成果和实践成效，符合我国新时代的设计学科发展规律和趋势，对创新应用型设计类及相关专业的教育改革与专业建设具有系统性的指导、引领作用和参考价值。

理想如海，担当做舟，方知海之宽阔；理想如山，使命为径，方知山之高大。在中华民族伟大复兴的道路上，中国工业设计应该有自己的话语权，中国工业设计教育也应该有自己的“中国方案”。

祝愿这本《新科技革命背景下的工业设计教育变革》成为设计学科建设和设计教育发展长征路上“中国方案”的一块基石。

清华大学首批文科资深教授
清华大学美术学院责任教授
中国工业设计协会荣誉副会长

2024年3月10日

序二 / 1

新一轮科技革命正在重塑全球产业和高等教育发展的新范式，中国工业设计在新发展阶段，其内涵和外延都发生了很多变化，工业设计在赋能传统产业蝶变升级和发展新质生产力等国家战略层面肩负着新的历史使命，而高质量的工业设计人才培养是实现工业设计历史使命的关键。

当前中国工业设计高等教育正处在变革之中，随着新工科、新文科、交叉学科等教育改革的深度推进，各个高校正在探索和推进工业设计人才培养的改革。如何应对新科技革命为工业设计教育带来的挑战？如何探究工业设计教育变革的机理与路径？如何有效地对接当前产业链、创新链的需求来培养工业设计人才？如何创新工业设计的教育内容与教学方法？如何有效地组织和推进工业设计教育的变革？这些都是当前工业设计教育变革需要系统思考和急需解决的关键问题。

在新科技革命背景下工业设计教育变革的系统性探索和实践，是一项涉及多学科交叉、逻辑体系复杂、需要持久坚持的工作。由于缺乏理论的引领，工业设计教育的改革和发展很容易陷入混乱、碎片化或者趋于保守的困境中。只有系统探索当前产业发展、科学研究、人才培养和学习变革的趋势与特征，对工业设计教育理论进行系统建构，才能推进专业建设和人才培养的可持续创新，才能有效协同产业链、创新链的高质量发展。

本书作者吴志军于2015年至2017年在湖南大学和广东工业设计城从事博士后科研工作，他深入产业一线系统地探索中国工业设计产业转型的机理与路径，在此基础上探索面向中国产业需求的专业建设和课程建设。在近十年的探索和实践中，带领团队扎根于中国工业设计产业前沿阵地和教育教学一线，从产业转型、高等教育与学习范式变革、知识生产范式转型等角度揭示了新科技革命背景下工业设计教育变革的逻辑和机理；从教育范式、教学系统、教学方法与协同组织模式等维度构建了工业设计新的超学科教育范式。此研究成果不仅有助于突破传统西方设计教育范式，丰富新科技革命背景下具有中国特色的工业设计教育理论，为中国工业设计教育、特别是地方高校的工业设计人才培养提供指导和借鉴；还有助于立足中国产业和经济社会的新发展阶段，丰富符合新发展理念的高等教育理论和专业教育范式。

作为博士后的合作导师，我对吴志军及其团队长期立足中国工业设计产业，耕耘于中国工业设计教育和人才培养改革的探索，深感欣慰；并为本书的出版作序致以祝贺！

湖南大学设计艺术学院 教授 博士生导师

教育部高等学校工业设计专业教学指导分委员会主任委员

何人可

2024年3月3日

目 录

第一章

绪论

第一节 问题的提出

1.1研究背景

1.新科技革命引发的高等教育变革

世界正在迎来以人工智能、大数据、生物技术、新材料等为代表，以信息物理融合系统为标志的第四次科技革命。2018年5月，习近平总书记在两院院士大会上发表重要讲话指出："我们迎来了世界新一轮科技革命和产业变革同我国转变发展方式的历史性交汇期。"当前世界正经历着百年未遇的广泛而深刻的社会和产业变革，正在进行着人类历史上最为宏大而独特的实践创新。

一般认为，新科技革命是新产业革命的先导，新产业革命是新科技革命的结果，新科技革命和产业变革的兴起源于当前人们的生产实践与生活需要[①]。同时，科技、产业和社会的快速变革、耦合交织、叠加融合与协同演进，正在从根本上重塑高等教育的范式和场景，催生出个性化学习的革命和创新教育的新机遇。教育是切实地拥有美好未来的唯一途径，高等教育模式需要适应新科技革命引发的经济社会与产业变革，当经济社会体系改变了，

① 屠新泉，刘斌.变革中的全球化：科技革命与国际生产分工[J].清华金融评论，2019（8）：48-50.

教育也必须随着改变[1]。大学应该培养学生成为专业人才，但也应该塑造未来社会的创造者；创造力不仅是新的经济活动的基础，也是人类社会未来发展的根基。

世界各国已纷纷发布教育改革的前瞻性战略，主动调整高等教育结构，发展新兴前沿学科与专业，变革高等教育发展范式。如美国推出了“制造业创新网络计划”，德国提出了“工业4.0战略实施建议”，日本发布了《制造业白皮书》，英国颁布了《高等教育与科研法案》、发布了《作为知识经济体的成功：卓越教学、社会流动性和学生选择》政策白皮书等，旨在以产业变革为导向，对高等教育进行一次系统性变革，以培养能够引领未来经济社会和产业发展的新型人才。我国高等教育已进入普及化阶段，教育部2019年在天津启动了“六卓越一拔尖”计划2.0，全面推进新工科、新医科、新农科和新文科建设。时任教育部高等教育司吴岩司长在启动会上做了题为“构建高质量发展体系，建设高等教育强国”的主题报告，明确提出要在教育工作中贯彻落实新发展理念，高等教育在功能上要发挥好服务、支撑和引领作用，“小逻辑”服从“大逻辑”，教育发展要服从国家经济社会发展需要。要把教育作为新发展格局中的优先要素和内生变量，放到百年未有之大变局中谋划，放到新一轮产业和技术革命中思考。2022年5月，在西班牙巴塞罗那召开的第三届世界高等教育大会的主题是“重塑高等教育，实现可持续未来”。我国高等教育“从形式到内容都要来一场革命。”

为了适应和引领新科技革命背景下创新驱动的经济—技术发展范式，高等教育必须变革其发展范式。为了进一步支撑知识创新、科技服务和产业升级，我国国务院学位委员会组织修订了新一轮学科专业目录，根据《博士、硕士学位授予和人才培养学科专业目录》（2022版），设计学从艺术学门类调

---

① 约瑟夫·E. 奥恩. 教育的未来：人工智能时代的教育变革[M]. 李海燕，王秦辉，译. 北京：机械工业出版社，2019.

整到了交叉学科门类。重新定义和架构高等教育的价值，变革学科专业发展范式，从追求知识技能传授的教学型和追求学术卓越的研究型，向追求支撑与引领产业和经济社会高质量发展的创新创业型转型，正是高等教育在严峻挑战背景下转型发展的新趋势。

2.新科技革命引发的工业设计产业变革

工业设计（Industrial Design）是工业革命的产物，是区别于传统手工艺生产方式，服务于现代大工业生产模式的专业化活动，是面向制造业生产的服务性行业，是满足人民美好生活需求、实现产业和社会高质量发展的重要手段[①]。工业设计处于制造业产业链最前端，是创新链的起点和源头，是促进中国制造向中国创造转变的关键突破口[②]。“Industrial Design”也可以翻译为“产业设计”，与制造业模式紧密相关。工业技术和工业组织形态随着科技进步而不断演化，新一轮科技革命正在推动制造业和工业设计产业发展模式的转型。

目前，我国工业设计公司约有14000家，工业设计从业人员超过70万人，各级工业设计行业组织130多个，国家级工业设计中心400余家，国家级工业设计研究院5家，省级工业设计中心近3000家，形成了相对完整的产业业态。规模较大的企业纷纷建立了自己的工业设计中心，提升工业设计在企业中的战略高度。中小型企业则与设计企业建立多元化的战略合作关系，不断提高工业设计在企业中参与决策的权重。工业设计师在社会、行业和企业中逐步形成相对成熟的职业形态，成为推动经济社会发展和制造业转型升级的重要力量[③]。同时，随着中国的快速发展和巨大市场需求与消费能力的

① 北京工业设计促进中心.中国设计产业发展报告（2019-2020）[M].北京：社会科学文献出版社，2020：16.

② 李燕.以工业设计引领制造业高质量发展[N].中国经济时报，2019-12-4（4）.

③ 白杨.推动开展工业设计专业人才能力水平评价 促进工业设计高质量发展[J].设计，2021（24）：146-147.

激活，工业设计产业的发展空间和潜力更加巨大。

随着新一轮科技革命和产业变革的到来，中国工业设计的内涵和外延都发生了很多变化，设计能力不足已成为影响制造业领域转型升级的重要因素之一。原创设计理论体系建设缺失，应用设计理论成果碎片化；应用的现代设计方法主要依赖欧美日等发达国家引进；在绝大多数制造业企业中，工业设计还未全面融入战略体系，在助力企业增品种、创品牌等产业转型升级的关键环节作用不突出……如何提升工业设计能力，以此推动制造业转型升级和高质量发展，成为新科技革命背景下的一个重要课题。

数字化和经济社会的高质量发展，正在重塑工业设计的产业模式，传统产品正在向“硬件+软件+服务”的方向发展，传统制造业正在向“定制化、分散协同化、服务化”转型。《中华人民共和国国民经济和社会发展第十四个五年规划和2035年远景目标纲要》明确指出，工业设计应该“以服务制造业高质量发展为导向，聚焦提高产业创新力，向专业化和价值链高端延伸”。工业设计正在从产品创新向产业创新扩展、向服务创新延伸，从产品研发的末端优化上溯为前端决策，从研发应用走向企业战略和创新管理，设计创新驱动型企业呈迅速上升趋势，工业设计与资本融合呈现加速趋势，工业设计服务平台向线上线下融合模式发展，大数据对工业设计的影响日益显著，工业设计和科技、文化的融合前所未有的紧密，工业设计从业人员的专业能力更加综合多元……[①]。未来的设计产业模式，正在以满足美好生活需要和企业转型升级为导向，向“设计+ 科技+ 商业”的复合型创新模式变革。同时，在工业设计的专业工作中，人工智能、智能制造等会加速取代一部分低层级的设计岗位，比如排版、常规造型等；同样，技术变革也会给传统工业设计教育带来前所未有的挑战。

① 刘宁.面向智能互联时代的中国工业设计发展战略和路径研究[D].南京：南京艺术学院，2021.

3.新科技革命引发的学习范式变革

新科技革命加剧了时代的不确定性，也加速了确定性知识向不确定性知识的范式转换，不确定性知识越来越占据着经济社会和产业发展的主导地位。不确定性从根本上重塑了教育范式，面向不确定性知识的教育教学改革成为高等教育发展新的关注点。面向不确定性知识，学生学习的价值诉求也发生了根本性变化。创新是应对不确定性挑战的最重要方式，强调培养创新思维、强化教学过程中学生的主体性和个性化，注重知识的整合、建构与生成，要求设计教育从“传授范式”向“学习范式”转型，加强师生互动，回归师生共同体，促进学生产生“有意义的学习”（Meaningful Learning）。

然而，学生在大学的学习情况如何？纽约大学社会学家理查德·阿伦（Richard Arum）2010年出版了《学术漂流：大学校园学习的有限性》（*Academically Adrift: Limited Learning on College Campuses*）一书，描述了美国各类大学中学生们通过四年学习真正掌握知识的情况，研究结果发现：在批判性思维能力、分析推理能力、交际能力等方面，45%的学生在前两年的大学生活中没有任何的提高，36%的学生在四年的整个大学生活中没有取得显著提高[①]。

在教学实践过程中作者发现，设计专业的大多数本科毕业生，很难将用户调研或市场调研的信息，进行比较系统的整理、逻辑性的表达呈现和分析，也难以进行抽象总结和对比分析，多数只能对单个信息进行描述。凯文·凯里在《大学的终结：泛在大学与高等教育革命》一书中的统计数据显示，今天的大学生在校期间投入学习的时间越来越少，有近20%的学生每周课外花在学习上的时间不到5小时。甚至一些学校的调查结果显示，学生平均每周用于学习的时间还不到花在娱乐和社交活动时间的1/3，原本是大学

① 凯文·凯里.大学的终结：泛在大学与高等教育革命[M].朱志勇，韩倩，等，译.北京：人民邮电出版社，2017：10.

主要内容的学术项目日趋边缘化[①]。超过80%的首席学术官都认同“学生学习成绩下滑，是因为他们课后花在学习上的时间不够多”。用在学习上的时间变少，让学生付出了代价，如批判性思维的能力、写作能力等都难以提高，而这些能力在不确定性时代至关重要。

新科技革命背景下技术的发展为随时随地学习、个性化选择性学习提供了条件，个性化体验式学习成为学习变革的重要方式。学习发生在行动和思考中，体验强调学习需要接触并观察事实与事件，并通过有意识地将自我、人类学和现实世界结合起来，持续地检查、测试和完善知识与技能（而不是随意地进行）。增强学习的体验性有助于促进学生自发地更努力地花更多时间学习。项目式教学、服务性学习、基于场景的学习、合作式学习、游戏化学习、翻转课堂、微课等线上线下、校内校外有机结合的教学方式正在重塑和增强学习体验。

1.2研究需要解决的关键问题

1.如何应对新科技革命为工业设计教育带来的挑战

与产业模式和经济社会的深度协同是现代设计教育蓬勃发展与成功的基本逻辑。新一轮科技革命驱动了产业模式和经济社会变革，加剧了时代的不确定性和学习技术与学习场景的革新，重塑了大学学习的范式。在新的经济—技术和社会发展范式下，工业设计专业教育必须重新定义自身的价值、范式和目标系统。如何构建与产业链深度融合的工业设计知识链和教学模式，培养工业设计专业人才的融合创新与价值创造能力，以适应产业和经济社会高质量发展的要求，正是工业设计教育变革和服务高质量发展面临的战略问题。

① 德里克·博克.大学的未来：美国高等教育启示录[M].曲强，译.北京：中国人民大学出版社，2017：174.

2.如何探究工业设计教育变革的机理与路径

由于缺乏理论的引领，工业设计教育的改革和发展容易陷入混乱或趋于保守。我国传统工业设计介入制造业产业程度不深，服务能力不足，导致工业设计与产业链衔接不畅，产业化水平不高。同时，根据麦肯锡（McKin-sey）在2020年发布的报告显示，世界前百强公司中只有17%的首席设计官认为自己处于能充分发挥价值的位置上，90%的公司都没能充分利用设计师的才能。在新科技革命背景下，绝大部分的工业设计项目具有复杂性、系统性和战略性的特征，涉及先进的超学科知识，这是一种更高层次的、与传统的艺术或技术性质完全不同的专业实践形式。因此，如何超越传统的“产品创新”，从“产业创新”的战略视角辨析工业设计教育变革的机理和发展路径，正是工业设计教育变革面临的范式与路径问题。

3.如何创新工业设计的教育内容与教学方法

新科技革命加速了丰富的知识和技能在社会与共享网络中的弥漫，也加速了确定性知识向不确定性知识的范式转换。一方面，工业设计专业的课程体系越改越细，课程数量越改越多、越改越杂乱，形成了“课程泡沫”；另一方面，传统的设计动手操作也逐渐被3D打印、智能辅助设计软件等所取代，新的实践技能和手段（如大数据分析、客户深度访谈、产业案例研究等）难以在传统教育场景和模式中有效实施。如何整合和持续创新工业设计专业的教学内容，重构工业设计教育的知识系统、专业基础和实践内容，以培养学生应对融合创新和价值创造的知识技能需求？如何重塑工业设计专业的教学范式，培养学生应对不确定性和复杂性所需要的设计思维、创新能力和终身学习习惯？这些正是工业设计教育变革面临的方法问题。

4.如何有效组织和推进工业设计教育的变革

伴随着融合创新和价值创造的主体从个人向组织的转变，工业设计教育的组织模式也需要发生根本性的变革。随着大学发展范式从追求知识技能传授与学术卓越向创新创业转型，超学科的设计教育范式、“以学习者为中心”的设计教学模式等都对传统学科专业的内部矩阵型组织模式提出了挑战。如何打破学科专业的组织边界，以复杂的设计问题为牵引，扩展与产业、政府、社会的深度协同，充分整合和利用全球化的创新资源和本土化的区域创业资源，共建共享教学实践的条件，基于“四重螺旋”模型（大学—产业—政府—社会公众）可持续地实现知识传授、知识整合、知识创新、知识应用的有机协同，正是工业设计教育变革面临的组织保障问题。

第二节　相关研究评述

2.1新科技革命的特征及其影响

新一轮科技革命和产业变革正在重构全球创新版图、重塑全球经济结构[①]。新科技革命的内涵、特征及其驱动的产业和经济社会变革是当前研究的热点领域。

1.新科技革命的内涵与特征

学者们主要探索了科学革命、技术革命及科技革命三者的关系[②]，世界科技革命和产业革命发展的历史进程，新科技革命的技术特征与主要方向，新科技革命的时代特征与未来发展趋势等[③]，提出了新科技革命和产业变革将重塑全球创新格局的论断，以及以创新驱动塑造引领型发展、迎接新科技

① 魏继昆.习近平总书记关于把握新科技革命和产业变革大势的重要论述探析[J].党的文献，2020（3）：3-7.
② 魏晨，西桂权，张婧，等.当代科技革命的内涵及对未来发展的预判[J].中国科技论坛，2020（6）：37-43.
③ 路红艳.科技革命推动现代产业体系建设[J].中国国情国力，2018（1）：29-32.

革命挑战的策略等[1]。

2.新科技革命驱动的产业和经济社会变革

学者们主要对新科技革命推动现代产业发展与创新体系建设[2]，新科技革命对全球商业模式、生产制造及服务模式的影响，新科技革命驱动我国产业政策转型等开展了研究[3]；对新科技革命背景下科学与人文的融合、生活方式与社会理论重建、劳动分工与就业变化等也开展了探索[4]；提出了一些重要论断，如新科技革命和产业变革正在催生一批新技术、新业态、新模式，重塑产业国际竞争优势；也在改变传统生产生活方式，缩短时间空间距离，重塑社会关系网络，驱动科学与人文走向统一[5]。

2.2新科技革命背景下工业设计的产业转型

新科技革命驱动了全球制造模式的转变和工业设计产业发展的转型。工业设计产业的发展路径与战略任务、组织模式的变革与转型、工业设计产业对人才的需求等是当前研究的热点领域。

1.工业设计产业的发展路径与战略任务

学者们主要从宏观维度分析了新科技革命背景下，技术推动的创新和市场拉动的创新向设计驱动的创新转型的趋势与特征：工业设计的对象从聚焦产品创新向驱动产业创新延伸，工业设计的领域从传统领域向数字智能、高端装备、绿色健康、社会服务等领域扩展[6]，设计需求从单一性向系统性、

① 白春礼.把握新科技革命与产业革命机遇　以创新驱动塑造引领型发展[J].时事报告(党委中心组学习)，2017（5）：35-49.

② 方竹兰，于畅，陈伟.创新与产业发展：迎接新科技革命的挑战[J].区域经济评论，2018（2）：55-67.

③ 亚力克·罗斯.新一轮产业革命——科技革命：如何改变商业世界[M].浮木译社，译.北京：中信出版社，2016：4.

④ 董金平.新科技革命与后人类时代的社会理论构建[J].内蒙古社会科学（汉文版），2021（1）：51-58.

⑤ 梁军，陈学琴.新科技革命视野下科学与人文融合发展的世界图景——《自然辩证法》及其理论范式的再思考[J].自然辩证法通讯，2020（12）：27-34.

⑥ 刘宁.面向智能互联时代的中国工业设计发展战略和路径研究[D].南京：南京艺术学院，2021.

从只注重经济效益向兼顾社会梦想转变[①]。一些学者探索了工业设计赋能产业高质量发展的战略任务，如创造产品差异化、促进技术市场化、提升产业附加值、优化和重构产业体系[②]。一些学者从消费升级的视角探索了愿景导向的设计战略模式，并结合海尔、小熊等品牌企业产品设计个案，探索了线上线下结合、技术与用户“双驱动”的工业设计战略特征[③]。

2.工业设计产业的组织模式转型及案例研究

一些学者探索了工业设计、互联网、制造业融合发展的模式[④]，面向制造业转型的工业设计协同创新体系[⑤]，企业全员创新的协同设计组织等[⑥]。有些学者结合企业实践案例，探索了基于互联网的设计师、用户、工程师、供应链等多边协同的开放式设计组织，如海尔的链群组织[⑦]，维意的“设计岛”平台与数字化协同设计[⑧]，小米的开放式创新生态系统[⑨]。也有一些学者结合案例探索了设计企业的业务向价值链高端延伸和向产业化转型的趋势，如浪尖、东方麦田等实施全产业链创新的业务模式[⑩]；宏翼通过设计驱动的创新，自主研发与销售产品，实施设计产业化的模式等[⑪]。

---

① 蒋泽云，陈聪.蜕变——科技革命下的设计走向分析[J].设计，2020（4）：96-98.
② 魏际刚，李曜坤.从战略高度重视工业设计产业发展[N].中国经济时报，2018-07-25（1）.
③ 侯婷婷.技术与用户“双驱动”，海尔系厨电新品诠释“高质量发展”[J].家用电器，2018（5）：40-41.
④ 赖红波.传统制造产业融合创新与新兴制造转型升级研究——设计、互联网与制造业“三业”融合视角[J].科技进步与对策，2019（8）：68-74.
⑤ 张学东.面向制造业转型升级的安徽省工业设计协同创新路径[J].设计，2020（5）：67-69.
⑥ 刘键，蒋同明.新型工业化视角下的工业设计产业升级路径研究[J].宏观经济研究，2018（7）：122-131.
⑦ 王静舟.创新资源视角下内部创业创新激励研究——以海尔为例[J].经济研究导刊，2019（25）：171-174.
⑧ 胡飞，王炜.创新设计驱动的“互联网+”服务型制造[J].美术观察，2016（10）：11-13.
⑨ 陈汗青，陈聪，韩少华.小米创新设计路径的启示[J].南京艺术学院学报（美术与设计），2016（5）：165-168.
⑩ 徐菲，郑刚强.工业设计产业链型企业发展现状与趋势[J].设计，2018（17）：36-38.
⑪ 姜慧，陈金德，赵璧.卓“粤”设计——广东设计驱动创新型企业案例[M].广州：广东科技出版社，2020.

3.工业设计产业对人才的需求

一些学者对美国、欧盟、英国、日本、韩国、中国的设计人才需求进行了比较研究，结果显示中国工业设计从业人数位居世界第一，但中国设计师的价值创造能力不足，平均年产值不到英国的1/4[①]。一些行业专家提出，工业设计师应该具备在产品情景（功能、结构、材料、外观等）、使用情景（场景、用户需求、使用流程等）、经营情景（品牌定位、产品线定位、技术路径、销售渠道、竞争战略、产品风险管控、传播推广等）三个层级开展设计创新，强调工业设计师应成为解构重构产品、创造“新物种”、开展“产品定义”和制订产品战略的主导者[②]。2021年腾讯用户研究与体验设计部（腾讯CDC）和UI中国联合发布了《2021年中国用户体验行业互联网新兴设计人才白皮书》，其调查结果显示从事数字化产品及服务的设计人员市场需求量增长迅速，团队合作、善于思考、协同沟通、统筹规划、理解能力、用户研究等都是市场对设计人才的关键要求。

2.3新科技革命背景下的大学范式转型与工业设计教育变革

1.大学范式的转型

一些学者分析了在新科技革命背景下，传统大学发展范式的弊端及其面临创新创业的严峻挑战[③]；提出经济—技术发展范式的转型，要求大学的发展范式必然会发生相应的变革[④]。学者们分析了创新创业精神与大学转型的关系，提出作为创新的引擎和创业的孵化器，大学自身的发展范式也需要变革，创新创业型大学的建立既是大学对于创新创业的应对，也是大学自身的“创新创业”；大学应该从传统的教学型、研究型发展范式，向创新创业型发

① 张湛，李本乾.国家设计系统提升创新竞争力的国际比较研究及其启示析[J].科学管理研究，2019（1）：98-101.

② 刘诗锋.刘诗锋：工业设计师是产品经理的摇篮[J].设计，2020（10）：46-51.

③ 王建华.重审大学发展范式[J].大学与学科，2020（2）：49-57.

④ 王建华.创新创业的挑战与大学发展范式的变革[J].大学教育科学，2020（3）：57-63.

展范式转型。大学范式的转型，需要从根本上重塑高等教育，把高等教育的愿景从服务于公共利益向服务于产业和经济社会发展、并产生收入转变[①]。一些学者提出，未来的大学应该与现实世界保持更紧密的联系，不断调整课程设置，将工程学与人文科学加以综合[②]。在未来的知识经济时代，社会需要的是负责任的、高绩效的创新创业型大学[③]；并进一步从社会形态的变化、大学自身的变革、实现大学的"系统更新"等角度，阐述了为何及如何创建创新创业型大学[④]。

2.高等教育教学的变革

在新科技革命背景下，高等教育与教学的快速变革更加需要理论的引领。2019年，时任教育部高等教育司吴岩司长在天津启动"六卓越一拔尖"计划2.0的会议上，做了题为"构建高质量发展体系，建设高等教育强国"的主题报告，提出了高等教育的发展要服从国家经济社会发展需要，要服务、支撑和引领经济社会的发展。要把教育放到百年未有之大变局中谋划，放到新一轮产业和技术革命中思考。要通过深化产教融合、校企合作，提高高等教育质量。

一些学者论述了新科技革命与高等教育变革的逻辑关系，提出了科学技术革命是推动高等教育不断发展的根本动力，科技革命建构高等教育的发展逻辑，决定或左右高等教育的发展趋势或演进路线。新科技革命重构了高等教育的价值体系，使理性知识与应用技术从分立走向融合，"有用性"成为评价知识的价值尺度。新科技革命催生了多元化的高等教育人才培养模式，形成了学校、企业、社会等多元主体协同的交互式人才培养模式，从根本上

① 王建华.创业精神与大学转型[J].高等教育研究，2019（7）：1-9.

② 托马斯·弗里德曼.谢谢你迟到：以慢制胜，破题未来格局[M].符荆捷，朱映臻，崔艺，译.长沙:湖南科学技术出版社，2018:201.

③ 王建华.大学的范式危机与转变：创新创业的视角[J].中国高教研究，2020（1）：70-77.

④ 王建华.为何及如何创建创新创业型大学[J].华东师范大学学报（教育科学版），2021（12）：99-106.

改变了高等教育教学的内容和方式。应对新科技革命，必须发展学生终身学习的能力[①]。一些学者深入探索了“教育链—创新链—产业链”深度融合的创新型人才培养模式[②]，“学科—专业—产业链”视角下大学创新创业教育的内涵、面临的困境与改革策略。如构建跨组织的联合载体，形成高黏性的协调机制等[③]；按照产业链部署创新链，推进技术、工程、产业协同的创新创业教育策略等[④]。

英国高等教育学家阿什比 (Ashby) 认为，新科技革命对高等教育有着广泛的影响,其中最为直接的是对高等教育的内容和手段的影响，新科技革命是促进高等教育发展的源泉和动力[⑤]。新科技革命促使教学时空灵活开放，课程、教学资源从封闭走向共享，培养目标从掌握知识转向培养能力和塑造价值观，教学场所从封闭式转向开放式。同时，新科技革命有助于增进学生学习的个性化体验，要求教师成为学习的规划者和引领者。

3. 工业设计教育教学的变革

一些学者基于CDIO（Conceive——构思、Design——设计、Imple-ment——实现、Operate——运作）教育理念，提出了与创新模式协同演进的设计教育模式，强调新科技革命背景下的团队协同创新教育[⑥]。新科技革命背景下，设计教育从注重结果向关注探索性、实验性转型[⑦]。一些学者结合各自学校工业设计教育教学体系的改革，提出了设计的超学科属性和培养

① 崔卫生. 论高等教育发展与科技革命的关系逻辑[J]. 高教探索，2019（9）：20-25.

② 李滋阳，李洪波，范一蓉. 基于“教育链—创新链—产业链”深度融合的创新型人才培养模式构建[J]. 高校教育管理，2019（6）：95-102.

③ 戚家超.“学科—专业—产业链”视角下高校创新创业教育的内涵、困境与出路[J]. 教育观察，2020（14）：86-87.

④ 郑文范，栾培新. 按产业链部署创新链推进创新创业教育实施[J]. 中国高等教育，2018（8）：44-46.

⑤ 曾令奇，王益宇，张烨. 新科技革命与高等教育变革——试析新科技革命对高等教育的影响[J]. 上海第二工业大学学报，2019（3）：210-215.

⑥ 王翠霞，叶伟巍，范晓清. 创新模式演进与工程教育范式优化[J]. 高等工程教育研究，2013（4）：35-40.

⑦ 蒋泽云，陈聪. 蜕变——科技革命下的设计走向分析[J]. 设计，2020（4）：96-98.

“工”型设计人才的理念，即水平能力，跨学科领域知识（广度思考和整合思考的能力）；垂直能力，设计领域知识（专门知识和能力）；构建未来的能力，面向人类未来问题和愿景的创新能力[①]。一些学者结合新工科与新文科建设，提出了工业设计教育在新领域、新技术、新场景、新模式、新产业等方面的能力要求[②]；基于国家战略和问题导向，聚焦构建“数据、工具、平台”为核心的设计生态与工业设计教育的知识、方法和课程体系[③]；基于优势领域的跨学科合作，开展与全产业链协同的项目式教学和专业特色方向建设等[④]。

一些学者结合欧美发达国家典型工业设计教育改革的实践和案例，探索了国外工业设计教育教学改革的经验。如美国斯坦福大学d.school设计教学的新模式：以创新者的培养为核心，以现实世界的问题为导向，以真实项目为依托展开教学，教学过程中强调实践、价值目标和突破性合作[⑤,⑥]。美国罗德岛设计学院通过常规性与实验性并置的课程设置培养学生的专业技能与人文素养，重视与社会合作和社区连接，培养学生的社会理解与批判能力，提升学生对社会议题的思考力和洞察力[⑦]。意大利米兰理工大学在设计教学中，强调跨学科协同，重视设计介入社会创新[⑧]。

在国际上，随着新科技革命的兴起、产业转型与社会转型的快速推进，

---

① 罗仕鉴.罗仕鉴：超学科，超设计[J].设计，2021（20）：66-69.

② 吕杰锋.“新工科”建设背景下面向“新能力”的工业设计专业教育改革[J].设计艺术研究，2020（6）：8-12.

③ 季铁.季铁：湖南大学设计艺术学院“新工科·新设计”人才培养教学体系与实践研究[J].设计，2021（20）：50-57.

④ 余隋怀.余隋怀：中国工业设计新工科建设必要性解析及建设路径思考[J].设计，2021（20）：58-61.

⑤ 萧冯.设计教学的新模式：美国斯坦福大学d. school访问侧记[J].装饰，2014（05）：44-51.

⑥ 田华，蒋石梅，王昭慧.创新型工程人才培养新境界：斯坦福大学D.school模式及启示[J].高等工程教育研究，2014（5）：159-162.

⑦ 郑晓迪.美国罗德岛设计学院教育模式探究[J].艺术设计研究，2018（3）：124-128.

⑧ 杨叶秋，宁芳.设计介入社会创新的探索——米兰理工大学ARNOLD项目[J].设计，2018（6）：96-98.

工业设计教育的变革也成为学者们争论的焦点问题。美国著名工业设计家、认知心理学家、计算机工程师唐纳德·诺曼（Donald Arthur Norman）撰写了《为什么设计教育需要改革》（*Why Design Education Must Change*）一文，从教师知识不足、设计师的似懂非懂等角度，提出“需要建立一个新的教育体系”，呼吁设计教育需要从艺术和建筑转向科学和工程技术，培养能够理解人类行为，具备商业思维、技术与社会学基础，适应时代需求的设计师[①]。当前，在国际上工业设计教育研究的议题主要有[②]：设计教育中实践领域的扩展与要求（如新的设计领域、原则和技能，创造力或职业/产业需求等），基于设计思维的课程与基于设计技能的课程，基于真实专业项目的设计教学方法，根植于社会参与的设计教育，设计教学中鼓励冒险和有效的同侪学习方法等[③]。

综上所述，现有研究主要关注宏观层面新科技革命驱动高等教育变革的契机和机理，或微观层面设计教育教学改革的必要性、改革的意义和实践案例，缺乏从“大学—政府—产业—社会公众”协同的视角和设计教育组织管理的中观层面，对工业设计教育变革的机理、路径、组织与实施模式等开展系统的理论研究和实证研究，对工业设计的知识系统、设计基础与设计对象、学习场景与教学方法等也缺乏系统探索。其研究结论难以全面揭示设计教育变革的机理，难以支持设计教育体系的系统建构，也难以在教育教学改革实践中系统地推广应用。由于缺乏系统理论的引领，工业设计教育的变革容易陷入碎片化、混乱或趋于保守。

---

① 唐纳德·诺曼，董占军. 为什么设计教育需要改革[J]. 设计艺术，2014（2）：6-9.

② J Adams，W Hyde，B Murray. Design Education: International Perspectives and Debates[J]. International Journal of Art & Design Education，2013（2）：142-145.

③ R Gianni, K Blair. Connectivism as a Pedagogical Model Within Industrial Design Education[J]. Procedia Technology，2015，20：15-19.

第三节　研究目标与意义

3.1研究目标

本研究针对新一轮科技革命引发的经济社会、设计产业、知识生产模式和学习范式的变革，瞄准工业设计以聚焦提高产业创新力，向专业化和价值链高端延伸，以及高等教育开放式高质量发展的趋势，从工业设计教育链与产业链协同融合的视角，探索工业设计的变革，构建新的工业设计教育范式、教学系统、教学方法和协同组织模式，为工业设计专业的教育教学改革提供理论引领、路径与方法指导，以及实践案例借鉴。其主要目标有：

一是突破“应用艺术”和“应用科学”的传统设计教育范式，从设计思维、融合创新、价值创造等维度，构建超学科设计教育范式。

二是构建新的工业设计知识系统与设计基础，支持面向全产业链创新的工业设计人才培养。

三是构建新的设计学习场景和设计教学范式，支持学生深度参与的体验性学习和协同学习的开展，以及设计思维和设计创新能力（特别是破坏式创新能力）的培养。

四是构建新的协同创新组织、设计知识生产模式、实践教学模式与平台条件，支持基于“四重螺旋”模型（大学—产业—政府—社会公众）的工业设计超学科教育教学的实施，以及开放式可持续创新。

3.2研究意义

把工业设计教育的变革放到新一轮科技革命背景和新发展理念中思考，从与设计产业模式和经济社会深度协同的视角探索工业设计的变革，其研究意义主要有：

1.学术意义

项目研究从产业转型、高等教育与学习范式变革、知识生产范式转型等角度揭示新科技革命背景下工业设计教育变革的理论逻辑和机理；从教育范式、教学系统、教学方法与协同组织模式等维度构建工业设计新的超学科教育范式、设计知识系统与设计基础、设计教学范式与开放式可持续创新的协同组织模式，既有助于突破传统西方设计教育范式，填补新科技革命背景下具有中国特色的工业设计教育理论体系的空白；又有助于立足中国产业和经济社会的新发展阶段，丰富符合新发展理念的高等教育理论和专业教育范式。

2.实践意义

本研究有助于高校、政府、产业和社会公众重新认识工业设计教育在新科技革命背景下的价值、任务和组织模式，为高校立足新发展阶段，构建与产业和经济社会协同发展的工业设计教育体系提供系统的理论指导；为高校工业设计及相关专业的教育教学改革提供系统的理论指导、路径参照、方案建议和案例借鉴；进一步明确在教育教学工作中贯彻落实新发展理念，促进设计人才的融合创新能力与价值创造能力的培养，发挥工业设计教育在服务、支撑和引领产业与经济社会发展中的价值。

第四节　研究方案与特色

4.1研究内容

1.新科技革命对工业设计教育的影响

本研究结合文献研究，梳理总结和阐释新科技革命的内涵与特征。结合文献研究、典型产业案例研究和调查统计，从制造业产业转型与生产模式演变，产品开发策略、产品创新模式、工业设计任务、工业设计产业组织等维度，探索新科技革命背景下工业设计产业的变革；结合文献研究，梳理和总结三种知识生产模式的演变历程，新科技革命背景下新的知识生产模式的特点和知识生产模式转变的价值；结合文献研究、问卷调查、深度访谈和中国、英国、美国等三个国家的人才质量评价体系，探索新科技革命背景下工业设计人才质量观的转变。

2.工业设计教育范式的转型

本研究结合文献研究，阐释教学型和研究型这两种传统大学范式的特点及其在新科技革命背景下的困境，探索传统大学范式向创新创业型大学范式转型的趋势与价值。从古典范式（从学院派到包豪斯）、现代范式（从包豪斯到乌尔姆）、后现代范式（多元化的探索与实践）三个阶段梳理了工业设计教育范式的演变历程。从新的工业设计定义和价值基础出发，基于工业设计“教育链—产业链”协同演进的目标，构建工业设计教育发展的超学科范式和跨学科融合的工业设计教育原型。

3.工业设计教学系统的重构

本研究结合文献研究和调查统计，从专业能力、通用能力和核心能力三个维度设置了工业设计专业的教育目标，提出教学内容设置的基本原则。在分析知识的本质的基础上，从用户与服务知识、产品及其系统知识、市场与经营管理知识三个维度构建了工业设计的知识系统。在研究传统设计基础教育的演变历程及其逻辑特征的基础上，构建了工业设计专业的知识与技能基础、素质基础、价值与情感基础。结合新科技革命带来的变化，探索了工业设计对象扩展与延伸，以及制造业企业中新的设计谱系，设计产业中新的工业设计创新链、创新维度和服务模式。

4. 工业设计教学方法的转型

本研究结合文献研究和调查统计，在分析传统设计教学面临的挑战的基础上，从讲授式学习场景、社交化学习场景、反思式学习场景、实践学习场景四个层面构建了新的工业设计学习场景。基于学习的心理学本质和教学范式由“内容为本”向“学生为本”、由“传授范式”向“学习范式”转型的特点，提出了合作设计教学、项目设计教学和案例设计教学三种新的设计教学范式。在深度剖析设计思维和产品创新（特别是破坏式创新）的属性与特征基础上，从流程框架与迭代、问题定义、溯因推理与溯因洞见、视觉化—共情化—概念构思等方面提出了设计思维的培养模式，从人格塑造、心流体验、创新技能培养等维度提出了设计创造力培养的模式。

5. 组织适应与协同创新

本研究结合文献研究和教学实践分析，在分析工业设计的产业组织与发展趋势的基础上，构建基于“大学—产业—政府—社会公众”耦合的工业设计教育组织架构。从跨学科的知识生产、领先用户知识与场景知识的生产、政府与企业知识的生产等维度提出了超学科的工业设计知识生产模式。从隐性知识与显性知识相互作用提出了组织与团队知识创造的模式；从科目制、项目制、问题制三个维度提出了协同创新的实践教学活动模式；以及基于联合工作室、协同创新中心（平台）、创新创业中心（基地）等形式的协同创新支撑条件建设模式。

6. 案例实践与应用

本研究以湖南科技大学产品设计专业为例，从设计教育范式、教学内容、教学方法和实践教学平台建设等方面，探索理论研究成果在专业建设与改革中的应用和实践，并结合专业改革实践的成效检验和优化理论。以“整体厨房设计”课程建设为例，从超学科工业设计专业教育范式下基于“四重螺旋”模型（大学—产业—政府—社会公众）的课程建设与教学实践模式，并结合课程建设和人才培养的成效检验和优化理论。

4.2基本思路与技术路线

项目沿着“新科技革命背景下的产业变革、知识生产模式变革、学习范式变革、人才质量观的转变→工业设计的教育范式转型→工业设计的教学系统重构→工业设计教学方法的创新→协同创新组织、模式与平台的创新→实践检验与理论优化”的逻辑路径，对新科技革命背景下工业设计教育的变革开展理论建构和实践探索。具体研究的技术路线如图1-1。

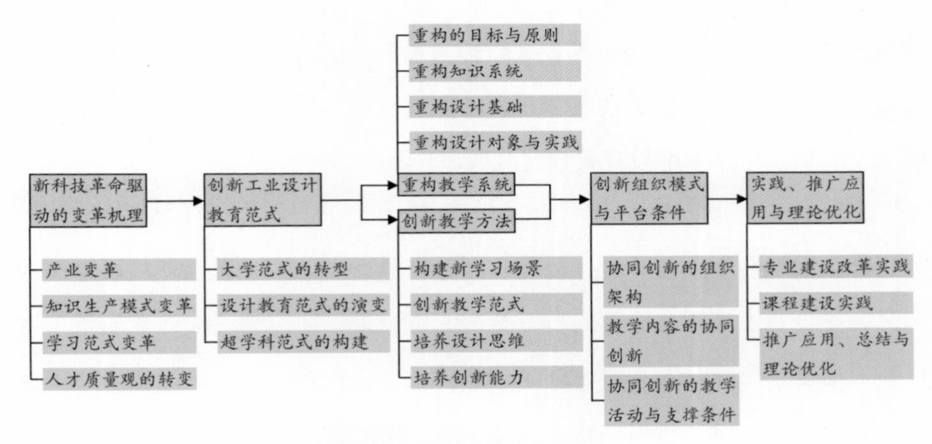

图1-1 项目研究的技术路线

4.3主要研究方法

交叉融合了设计学、教育学、管理学、心理学、新科技革命、产业转型升级、大学范式变革与创新创业等跨学科理论，综合运用文献研究、问卷调查与统计、专家访谈、案例与实验研究等研究方法开展研究。主要研究方法有：

1.理论交叉研究法

借助设计学、教育学、管理学、心理学、新科技革命与创新创业等多学科理论和文献，梳理、辨析和总结新科技革命的内涵与特征，新科技革命背景下知识生产模式和大学范式的转型；工业设计教育范式的演变历程；教学系统重构的目标与原则；设计基础教育的演变历程及其逻辑特征；学习的心理学本质；设计思维和产品创新的属性与特征等。

2.调查研究法

通过用人单位问卷调查、招聘需求分析、毕业生问卷调查等方法，结合行业发布的设计人才白皮书，调查、统计和分析工业设计人才质量观；企业和社会对工业设计人才在专业能力、通用能力、核心能力、专业知识与技能基础、专业素质基础、价值与情感基础等方面的要求。同时，通过对2019届湖南科技大学产品设计专业毕业生的跟踪调查和部分毕业生的抽样调查，动态掌握毕业生的职业发展状态和用人单位的反馈意见，根据反馈信息不断优化理论成果，持续推进教育教学实践改革。

3.专家访谈研究法

分别到制造业企业、设计公司、创新产品研发型中小微企业和设计产业园区，对企业设计师、高管人员等开展深度访谈，研究制造业产业转型与生产模式演变、产品开发策略、产品创新模式、工业设计任务、工业设计产业组织、新的工业设计对象、新的设计谱系、新的创新链、创新维度和工业设计服务模式。结合《设计》杂志“中国设计·大家谈”栏目对高校和企业专家的专访，探析高校设计教育变革的趋势和产业对设计人才的需求。

4.案例与实验研究法

选取典型工业设计产业案例，通过查阅企业文件与档案、访谈管理人员与设计师等方法，对案例进行实证分析，分类描述和阐释新科技革命背景下工业设计产业转型的路径和模式。选取典型国内外高校工业设计专业教育教学改革的案例，分析和阐释工业设计教育教学发展的趋势。选取中国、美国、英国的人才评价体系，探索新科技革命背景下工业设计人才质量观的转变。通过理论成果在湖南科技大学产品设计专业教育教学改革应用实践效果和在“整体厨房设计”课程建设中的应用实践效果，检验和优化研究成果。

4.4 主要学术观点与研究特色

1. 主要学术观点

一是新科技革命加剧了知识的不确定性和科学技术之间的跨界融合创新，工业设计教育范式必须从“应用艺术”和“应用科学”向“融合创新”变革。影响变革的四个核心因素是大学发展范式、学习范式、知识生产范式和产业发展范式，分别指代了工业设计教育中的价值追求、学习思维与意义、科研发展范式、设计产业发展的需求。

二是工业设计教育发展的进程与工业革命的演进历程高度契合，与产业模式和经济社会的深度协同是现代设计教育蓬勃发展和成功的基本逻辑。在新科技革命背景下，工业设计专业教育必须协同新的经济—技术和社会发展范式，以提高产业创新力、赋能产业高质量发展为导向，重新定义自身的价值、范式、内容、方法和组织模式。

三是新科技革命背景下的工业设计教育范式应该从支持产品创新向驱动产业创新转型。基于“四重螺旋”模型（大学—产业—政府—社会公众）构建工业设计教育发展的超学科范式，以设计思维为驱动、融合创新为手段、价值创造为输出，构建跨学科融合的工业设计教育原型，是应对产业与经济社会高质量发展、知识生产模式转型和学习范式变革的重要方式。

2. 主要研究特色

一是突出超学科的研究视角。研究突破了“应用艺术”或“应用技术”的传统设计教育的学科范式，从新科技革命背景下大学、产业、经济社会及学习范式变革的开放式超学科视角，来剖析工业设计教育变革的机理和路径，构建工业设计教育的超学科发展范式、跨学科原型与教学系统、“以学习者为中心”的教学方法，以及协同创新的教学组织模式、教学活动与教学平台。

二是突出跨学科的系统性研究内容。研究深度融合了设计学、教育学、管理学、心理学、新科技革命、产业转型升级、大学范式变革与创新创业等多学科理论，从产业变革、知识生产模式变革、学习范式变革和大学转型的角度，对工业设计教育范式、教学内容、教学方法、协同创新组织与模式、教育变革的实践等方面开展系统研究，填补了新科技革命背景下具有中国特色的工业设计教育理论体系的空白。

三是突出工业设计教育的开放式协同发展特征。构建的工业设计教育超学科发展范式、跨学科原型与教学系统、协同组织与模式等，凸显了工业设计教育的边界已经从大学或学科扩展延伸到了产业、政府、社会公众，形成了“知识传授—知识生产—知识整合应用”相互协同与支撑的开放式闭环生态系统。这种系统既有助于驱动工业设计教育在共同创造价值、共同分享价值中可持续发展；也有助于促进学生在不同学习场景中产生个性化的“有意义的学习”，锤炼终身学习的能力与习惯。

第二章

新科技革命对工业设计教育的影响

第一节　新科技革命的内涵与特征

1.1科技革命的内涵

一般认为，科学革命 （Scientific Revolution）一词最早出现在1543年科学家尼古拉·哥白尼（Mikołaj Kopernik）的著作《天体运行论》中，意指科学知识体系和科学思维方式发生了根本变革[①]。科技革命是一个科技哲学概念，是科学革命和技术革命的合称，是指科学技术的重大变革，特别是指以科学发展带来的技术变革，极大地促动或影响工业变革，带来工业革命。科技革命通常会带来科技范式、人类的思想观念和生产生活方式的显著改变（社会影响人口覆盖率一般超过50%），引发科研范式和组织模式的转型，构建新的世界观和方法论[②]。

经济学家曼昆在《经济学原理》一书中提到，每一次科学技术的巨大发展都会引发一场产业革命，推动经济发展和社会转型。一般认为，“科学—技术—生产—经济—社会”是一根协调发展的链条，但这种发展路径绝非简单的线性模式，而是一种复杂的生态网络模式。科学技术与产业革命、社会转型只有协同推进，形成共生网络，才能有效促进科技与经济、创新与商业

① 魏晨，西桂权，张婧，等.当代科技革命的内涵及对未来发展的预判[J].中国科技论坛，2020（6）：37-43.

② 陈套.迎接新一轮科技革命和产业革命[J].决策咨询，2020（3）：66-69.

的紧密结合，即创新生态系统的形成与运行。历次科技革命通过科技成果的产业化和市场化，催生出新的行业、改造传统产业、塑造产业新格局，推动人们生产生活方式的变革，并反过来持续促进科技革命的爆发。

现代化科学认为，人类文明的发展主要涉及科技、经济、社会、文化和政治五个领域的进步，各领域之间相互作用，形成一个复杂的互利的“共生系统”，而创新是文明进步的原动力。在人类文明史和现代化的研究领域，科技革命可以从两个层次进行观察（图2-1）。在世界科技史层次，科技革命是科技范式的转变，关注科技自身的变化。

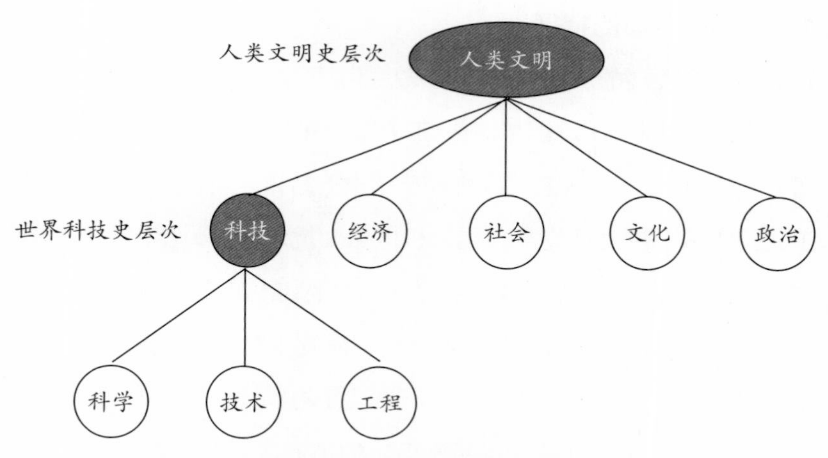

图2-1 科技革命的两个观察层次

科技革命不仅是科技范式的转变，而且是科技与经济、社会、文化和政治相互作用的结果。科技革命爆发阶段，在科技、经济、社会、文化和政治五个影响人类文明发展的领域中，科技变化是核心，是最主要的驱动力。科技与其他四个领域相互作用，驱动科技范式、思想观念、生活方式和生产方式的转变，形成了“1+4”的共生模型（图2-2）。

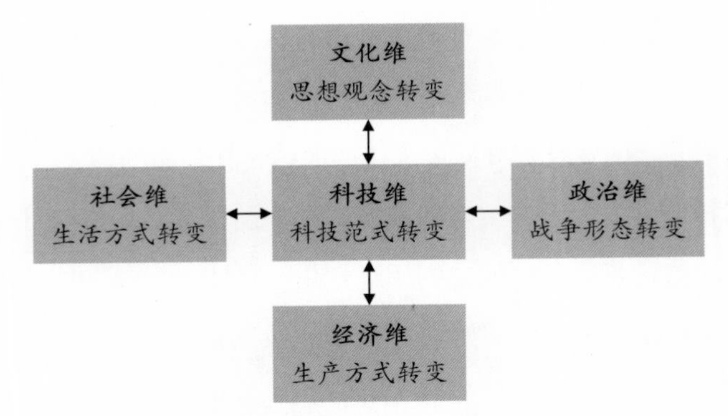

图2-2 科技革命的“1+4”共生模型

1.2新科技革命的特征①

在人类社会发展的历史上，已经发生了三次对人类生产和生活方式产生重要影响的科技革命。以蒸汽机为标志的第一次科技革命发生在18世纪末期的英国，到19世纪中叶结束。这次科技革命的结果是机械生产代替了手工劳动，工业技术从手工生产逐渐转化为机械化大批量生产，手工制作的产品转化为结构化、模块化和零部件可互换的大批量标准化产品。

以电力和自动化为标志的第二次科技革命发生在19世纪末期，形成了生产线生产的阶段，通过零部件生产与产品装配的成功分离，开创了产品批量生产的新模式。以计算机和互联网为标志的第三次科技革命始于20世纪70年代并一直延续至今。在这一阶段，电子与信息技术的广泛应用，使制造过程不断实现自动化，机械设备开始替代人工作业。

当前，世界正经历以信息物理融合系统为标志的新科技革命，即第四次科技革命。第四次科技革命来源于2011年在德国“汉诺威工业博览会”上提出的“工业4.0”概念，“工业4.0”在德国被认为是继机械化（第一次）、电

① 部分内容作者发表于：吴志军，等.产业转型背景下工业设计教育的理论基础[J].当代教育理论与实践，2016（6）：31-33；吴志军，彭娇娆.新科技革命背景下产品设计专业教育的转型路径研究[J].当代教育理论与实践，2021（6）：136-141.

气应用（第二次）、自动化（第三次）之后的第四次工业革命。2013年，德国政府发布《保障德国制造业的未来：德国工业4.0战略实施建议》，宣称世界正在迈向第四次科技革命，各国学者和产业界开始转向对第四次科技革命的讨论。新科技革命以制造业网络化、智能化、数字化为核心，在物联网、服务联网和工业联网的基础上叠加新能源、新材料等方面的突破，实现了制造业与信息技术的深度融合，对全球制造业和面向生产的服务业产生了深远影响。与德国工业4.0类似，美国提出了“工业互联网”，中国提出了“中国制造2025”和“‘互联网+’行动计划”。

工业设计起源于科技革命和工业革命，在不同的工业革命阶段，工业设计相应地提出了不同的设计范式。在第一次工业革命后，设计与制造分离，现代职业化的工业设计分工和体系开始构建；而反对机械化、倡导手工艺复兴的工艺美术运动最终走向了失败。在第二次工业革命后，包豪斯提出了在工业品中“艺术与技术重新结合”的重要设计范式。第三次科技革命带来了科技和经济的全球化发展，催生出“基于全球价值链的产品整合创新”。第四次科技革命聚焦于面向用户体验的融合创新，重视场景的构建和迭代，工业设计的核心开始转向“构建以用户体验为中心的创新链和创新生态系统”（图2-3）。

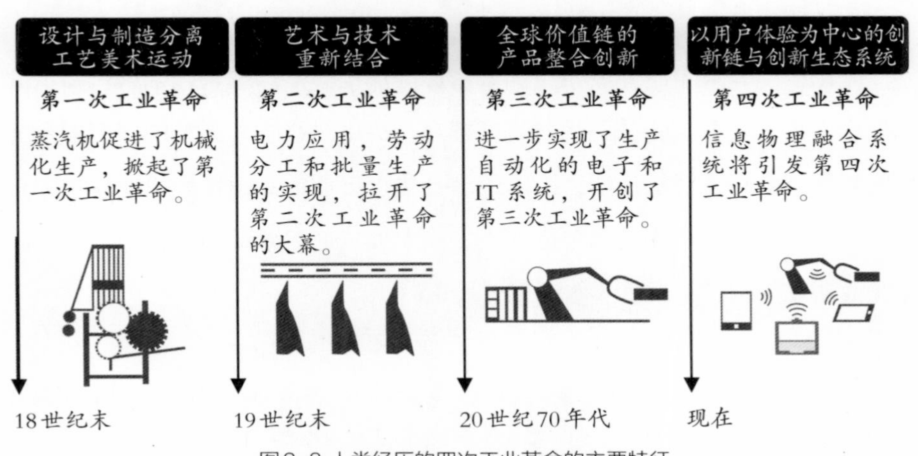

图2-3 人类经历的四次工业革命的主要特征

与历史上经历的前三次科技革命不同，第四次科技革命是在多领域先进技术集中爆发的基础上，物理空间、网络空间和生物空间三者的全面融合，其带来的社会和产业变革将达到前所未有的程度，体现出了其显著特征[①]：

1.不存在严格意义上的通用技术

新一轮科技革命根植于并重塑现有技术体系和现有产业体系，激发了众多新产业和新的生产组织方式。然而，这种重塑以现有的技术能力和产业能力为基础，不存在严格意义上的通用技术，而是形成了数字化、智能化、网络化、绿色化、服务化等趋势的多点、多领域的相互渗透、相互协同与交叉融合创新。在这一过程中，虽然信息技术、人工智能可能发挥了引领作用，但仍称不上通用技术。

2.产业高度融合、边界模糊

融合创新是新一轮科技革命最显著的特征，工业化与信息化、制造业与互联网和服务业、科技创新与社会创新深度融合，产品的生产过程与服务过程无法分割，“未来的制造业也是服务业，是服务型制造”，传统的行业界限将逐渐消失，新技术、新产品、新业态和新模式不断涌现，传统产业体系加速重构。

3.科技与经济、商业的深度融合

基础研究与应用研究联系更加紧密，经济社会发展越来越依赖于知识的创新和应用，产业结构的知识化特征越来越突出。科技与经济的深度融合又称为科技革命爆发的加速器，技术的综合化、产业的高速化和商业模式创新将在新一轮科技革命中发挥关键作用，商业模式创新对科技创新的转化、应用和成功发挥着至关重要的作用。

① 部分内容引自：原磊.新一轮科技革命和产业变革背景下我国产业政策转型研究[J].中国社会科学院研究生院学报，2020（1）：84-94；路红艳.科技革命推动现代产业体系建设[J].中国国情国力，2018（1）：29-32.

4.数字技术、网络技术和智能技术深度融入现有产业体系

数字技术、网络技术和智能技术渗透到产品研发设计、生产制造和营销服务的全过程，设计环节、制造环节和营销服务环节之间的时间显著缩短，先后顺序可以重构，新产品进入市场的时间成本大幅降低。个性化、定制化、协同化的设计与生产方式成为主流。颠覆性技术、新的产品和商业模式不断涌现，产业组织和产业价值链加速重构。

5.新技术和新产业的发展更加突出“以人为本”

新科技革命和产业革命更加注重促进人类的全面解放、消费升级，以及个性化、多样化生活方式的需求，更加凸显人与自然、人与社会的和谐相处和人类社会的可持续发展。新科技革命不仅能为用户带来“消费革命”，还能为用户带来生活方式的“价值革命”。物联网是去中心化的，每个人都是生活的主体，需求也是个性化的；每个人都有价值，都是价值的创造者和分享者，都可以充分发挥自身的想象力和潜力。

第二节　工业设计产业的变革

2.1 制造业的产业转型与生产模式演变

1.制造业的产业转型[①]

中国传统制造业推行“研发设计—大规模制造—营销服务”的产业链模式，产能过剩、同质化竞争、缺乏创新、利润微薄等是我国制造业当前面临的核心问题。以信息物理融合系统为标志的新科技革命带来了制造业的快速变革，制造业的组织结构、商业模式和竞争范式将进行重大调整。在新科技

① 吴志军，那成爱．“互联网+”背景下厨房系统的设计服务模式[J].包装工程，2016（8）：12-15.

革命背景下，工厂逐渐走出大批量制造时代，工业软件将传统意义下的机械化、电气化、自动化等硬件制造转化为具备数字化、智能化、网络化的“软性制造”，生产组织方式由大规模、大批量制造向定制化、分散协同化和服务化的方向转变（图2-4）。在网络和信息化制造技术的支持下，企业、客户及各利益方处于同一价值链中，他们共同创造价值、共同传递价值、共同分享价值。客户得到了个性化产品、定制化服务，企业获得了相应利润。

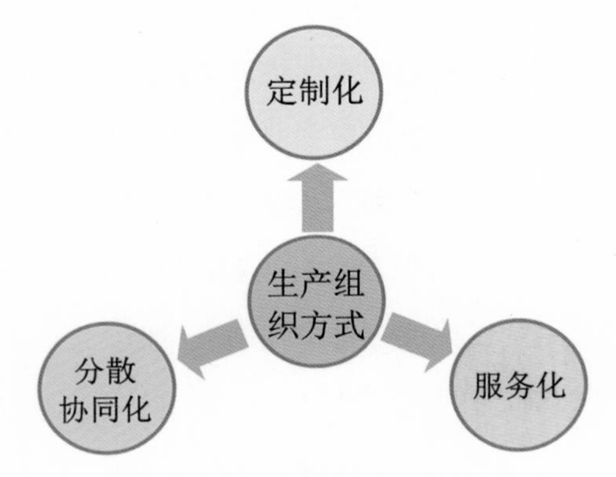

图2-4 新科技革命背景下的生产组织方式

第四次工业革命的核心是跨界技术的融合，为制造业带来的标志性挑战是企业能否构建自己的生态品牌。生态品牌不是一个简单的产品品牌，而是一个物联网范式，真正的生态品牌并不是通过产品质量好而创造的品牌，而是通过自循环不断提供需求场景[①]。在物联网时代，产品会被场景替代，行业将被跨界融合的生态迭代覆盖，通过工业设计对产业链、供应链的重塑赋能，创造出新的用户场景和生态品牌，这也正是制造业转型升级的趋势。生态品牌是物联网时代的产物，不同于工业时代的产品品牌（如耐克、丰田等），也不同于消费互联网时代的平台品牌（如亚马逊、阿里巴巴等），生态

① 张瑞敏. 于第四次工业革命中再生的新范式——生态品牌[J]. 中国工业和信息化，2021（10）：52-59.

品牌与这两种品牌有非常突出的差异性：产品品牌脱胎于工业经济，平台品牌依靠流量经济，而生态品牌聚焦于体验经济，强调可持续地创造用户体验。从时势上看，产品品牌和平台品牌是单边市场或双边（多边）市场，生态品牌形成共同进化的网状生态。从价值角度看，产品品牌是质量溢价，平台品牌是流量溢价，生态品牌则是实现价值自循环。从用户角度看，产品品牌和平台品牌只有顾客交易没有用户，而生态品牌创造的则是终身用户，这是第四次工业革命为制造业带来的变革。

2.生产模式的演变

工业设计处于制造业产业链最前端，与生产模式紧密相关。在不同的科技条件下，生产模式一直是由市场和客户需求的变化驱动。在现代产业发展的过程中，企业生产模式先后经历了手工生产、大批量生产、大规模定制和个性化生产四个主要阶段，如图2-5所示①。

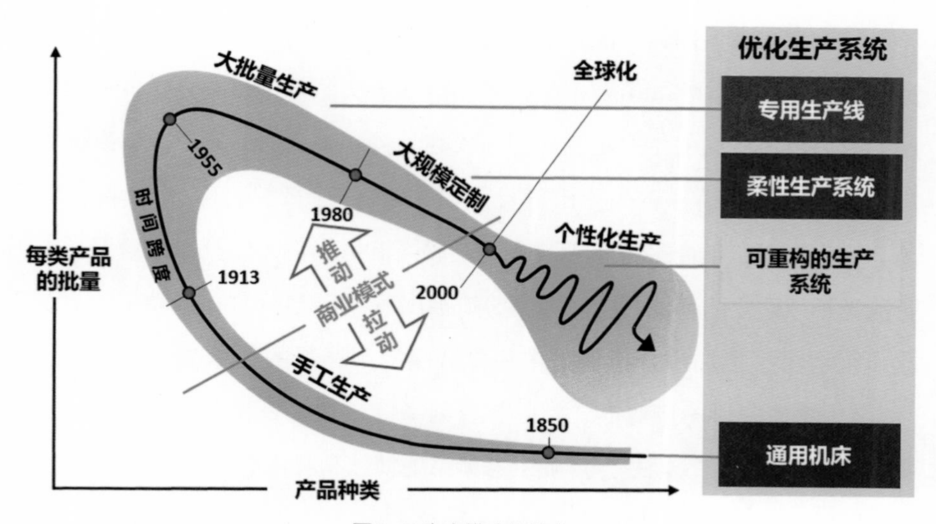

图2-5 生产模式的演变

① Koren Y. The Global Manufacturing Revolution: Product-Process-Business Integration and Reconfigurable Systems[M].John Wiley & Sons, 2010.

在手工生产阶段，生产的顺序是“销售→设计→制造”，手工艺人按照客户的需求进行单件定制，设计与制造没有分离，生产效率低，成本高。在大批量生产阶段，生产的顺序是“设计→制造→销售”，以全球供应链和产品内分工为特征，通过专业化的生产线形成高效低成本生产。这一生产模式提高了标准化产品的质量和规模经济效益，但忽略了客户需求的差异性。在大规模定制阶段，生产的顺序是“设计→销售→制造”，企业在保证经济效益和产品质量的前提下，通过柔性生产系统以大规模生产的成本及生产效率满足市场细分及客户多样化定制需求。在个性化生产阶段，生产的顺序是“平台化销售→用户参与式设计→分散协同化制造”，企业基于开放式的创新网络和数字化制造技术，通过可重构的生产系统为客户提供低成本的个性化产品或服务，在满足客户个性化体验的同时实现产品价值差异。

第四次工业革命驱动产业链数字化纵向深入，软硬件资源共享将引入生产制造领域，推动制造业开放创新资源，通过共享经济、众创经济等新模式和新理念有效激活闲置产能，以塑造全新的商业模式。同时，以用户直连制造（Customer to Manufacturer，简称C2M）为代表的数字化工厂将纷纷涌现，以用户为导向的生产定制化正在成为趋势，渠道商汇聚消费端数据和用户需求反馈给制造商，生产出符合用户需求、性价比高且具有个性化的产品。目前来看，电商平台基于强大的互联网流量优势，以及在大数据、人工智能等领域建立的商业智能能力，纷纷推出各种C2M计划，推动了传统制造业，打造出了更加符合市场需求和物联网应用场景的“爆款”产品。通过“数字化制造”协同产业链、供应链、创新链，构建更强大、更智能的产业互联网生态圈，以全面提升产业生态体系的韧性和灵活性。

2.2 工业设计的变革

工业设计是否先进与产业模式紧密相关，生产制造模式的变革必将促进工业设计的转型，工业设计的工具效用和价值实质间的内在关系将会再次调整，工业设计的传统创新模式、价值观等将再次受到科技革命的冲击。《中华人民共和国国民经济和社会发展第十四个五年规划和2035年远景目标纲要》明确指出，工业设计等生产性服务业应以服务制造业高质量发展为导向，聚焦提高产业创新力，向专业化和价值链高端延伸。

1.产品开发策略的转变

在新科技革命背景下，基于互联网的需求发现和基于“长尾效应”的产品开发策略是重要趋势。长尾理论是互联网思维下兴起的一种新理论，过去工业设计师主要关注被人们大量接受和大批量制造的产品，如果用正态分布曲线来描绘这些（图2-6），人们只能关注曲线的“头部”，而将曲线的“尾部”（被大多数人忽略的非主流产品）忽略了。企业对“长尾效应”的关注，主要是通过细分市场和扩张品类实现产品多元化，避开头部产品激烈的竞争，获取长尾增量需求。克里斯·安德森认为，互联网时代是关注“长尾”、发挥“长尾”效益的时代。长尾市场也称“利基市场”，“利基”一词是英文“Niche”的音译，有拾遗补阙或见缝插针的意思。菲利普·科特勒在《营销管理》中将“利基”定义为：利基是更窄地确定某些群体，或严格针对一个细分市场，这是一个小市场并且它的需要没有被服务好，或者说“有获取利益的基础”，具备创造出新产品或服务的机会。

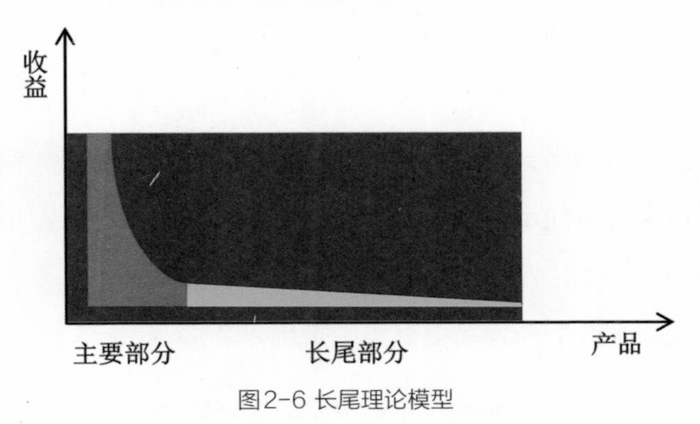

图2-6 长尾理论模型

传统产品的开发通常会遇到三个瓶颈：①产品需要达到制造商愿意制造的流行程度；②产品需要达到零售商愿意进货销售的流行程度；③产品需要达到消费者能够在市场上找到的流行程度。麻省理工学院的两位教授迈克尔·皮奥里和查尔斯·萨贝尔合著的《第二次产业分工》（*The Second Industrial Divide*）中指出，20世纪制造经济体的大规模生产模式（人与生产的"第一次产业分工"）既非必然之路，亦非产品制造革新的终点。在互联网时代，每个人都有不一样的愿望和需求。随着近10年平台经济和电商模式的兴起，通过无数专业网络卖家和搜索引擎，互联网已经提供了能够满足所有人个性化需求的方式，加长了消费者实体产品市场的"尾巴"，出现了实体产品的长尾效应，②③两个瓶颈已经基本消除。

对于第一个瓶颈，互联网对"弥漫性需求"（即在某地无法形成规模并进入实体店销售，但在全球具有整体性影响力的产品）的开发能力使制造商能够为在传统分销中没有立足之地的产品找到市场①，从而消除产品开发对大规模制造的依赖。创造满足个性化需求而非符合大众品位的产品，使用数字化制造生产这些产品，没有任何复杂性成本，同时还能够缩短生产周期。全球供应链已经发展到了"无尺度"阶段，设计师无须自行建立工厂或公司，就能够通过全球供应链，将自己的创意快速转化，为全球消费市场中的小众或大众的需求同时提供产品或服务，实现本地设计创新与全球生产和全球市场的完美结合，制造业也变成了一种可由网络浏览器获取的"云服务"。互联网渗透产业链参与新产品研发，新品已成为驱动消费增长的新动力，更多的利基产品纷纷推出，通过网络销往全球市场，这些需求和销量不高的个性化产品所占据的共同市场份额，可以和主流产品的市场份额相当，甚至更大。2021年"五五购物节"，首次新增了"全球首发季"活动，在一个半月的时间里，全球550个品牌在上海集中推出2800余款新品。从2021年"天

①克里斯·安德森.创客：新工业革命[M].萧潇，译.北京：中信出版社，2015.

猫618”的预售数据来看，排行榜前100名的商品中，超过40%是新品；在2020年，仅天猫平台发售的新品数量就超过2亿款。同时，互联网的真正意义不在于人们能够更好地选择和购买产品，而在于人们能够更方便地参与设计和制造自己的产品供其他人消费，人人可以参与创造产品。消费者越来越看重自己能够参与创意的产品，无论动手装配还是在线向设计师提供建议，追求“意义最大化”而不是“利益最大化”将成为产品开发的新趋势。

2.产品创新模式的转变

传统的创新模式主要集中在市场拉动的渐进式创新和技术推动的突破性创新两个方面。前者从分析用户的需求出发，寻找能够更好地满足用户需求的技术和功能。后者是根本性或突破性的创新，反映了先进技术研究的动态，技术突破对行业具有破坏性影响，是企业长期竞争优势的来源。

意大利学者韦尔甘蒂（Verganti）提出了区别于传统创新理论的第三种企业创新模式，即设计驱动的创新。设计驱动的创新注重产品意义和愿景的创新，创新不是来自现有市场，而是创造新的市场，它是由人们期待的产品愿景和技术顿悟所推动的以客户为中心的一种创新实践模式①，持续获取和管理那些现有用户没有明显需求但最终很喜欢的创新，是企业获得长期竞争优势的主要来源之一。创新要想取得根本性的突破，必须超越消费者和用户的现有认知，深入理解人们的生活背景和场景演变。从本质上看，设计驱动的创新是一种基于愿景的创新，而不是基于现有资源的创新。

工业设计越来越被视为一种能够产生竞争优势的重要战略资源，其价值从产品外观和促进营销延伸到了提升企业核心竞争力。在技术成熟期，工业设计主要从语义层面（如造型、CMF等）开展产品设计，即开展渐进式（增量性）设计驱动的创新。工业设计不仅在产业成熟阶段有价值，产品意义和

① Roberto Verganti. Design-driven Innovation: Changing the Rules of Competition by Radically Innovating What Things Mean [M]. Boston: Harvard Business School Publishing Corporation, 2009.

愿景的创新在产品开发初期（当技术还不确定时）也很关键。在新产品开发初期就将产品意义与功能技术、新材料、表面处理、工艺流程等研究结合起来，将技术研究与生活方式、社会价值观和生活场景研究结合起来，通过意义和技术的融合创新定义新产品，这就是激进式（突破性）设计驱动的创新模式[①]。功能维度和语义维度之间的相互作用和融合创新是增强产品竞争优势、形成品牌战略的核心因素，戴森就是激进式设计驱动的创新的典型成功案例。

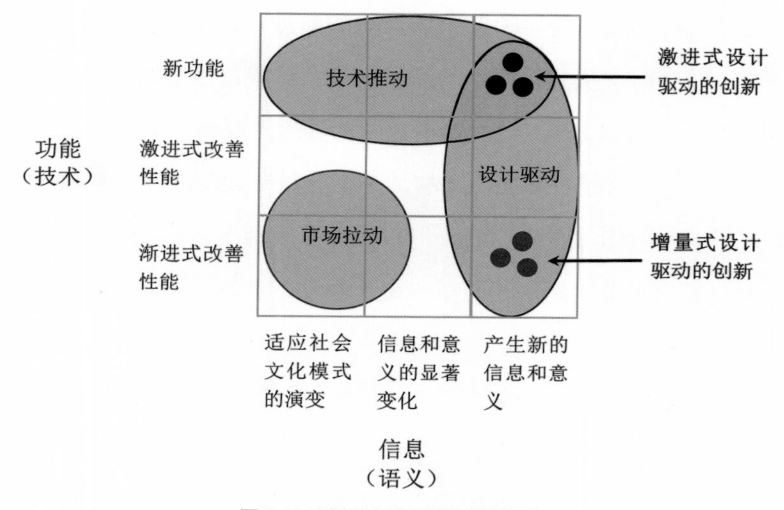

图2-7 四种产品创新模式的比较

市场拉动的创新、技术推动的创新、增量式设计驱动的创新、激进式设计驱动的创新等四种产品创新模式，相互关系如图2-7所示[②]。市场驱动的创新项目往往是跟随市场的，是后发的和短期效益的，对市场趋势没有前驱性的研究。技术推动的创新项目主要针对企业长远发展，技术创新的投入和实现突破需要比较长的周期，企业短期难以获得效益。

---

① 陈雪颂，陈劲. 设计驱动型创新理论最新进展评述[J].外国经济与管理，2016（11）：45-57.

② Claudio Dell'Era, Alessio Marchesi, Roberto Verganti. Mastering Technologies in Design-Driven Innovation[J]. Research-Technology Management, 2010（2）：12-23.

设计驱动的创新逻辑是用工业设计的方法（不同于营销与服务部门的数据信息）去进行市场和用户（生活方式与场景）的研究，挖掘用户的潜在需求，发现市场的未来趋势与空间，洞察产品机会。在此基础上构建产品的使用、服务和技术逻辑，根据使用和服务逻辑整合相对成熟的技术（企业储备的或外部供应链引进的），推进技术应用和产品创新，快速推出面向用户体验的新产品。

第四次科技革命最重要的特征是融合创新，全球的技术供应链非常成熟，为设计驱动的开放式创新项目带来了无限机会，具备明显的优势：①投入少，见效快，可实现性高。②能够创造出领先市场的前驱性产品，与市场现有产品差异性大，创新是用户可以体验和认知的，容易引领和创造新的市场需求。③面向用户生活方式与场景需求趋势的创新，容易洞察和构建用户在场景中的需求图谱，形成基于同一核心技术的、多品类跨界的系列产品创新，并通过场景的迭代支持产品的可持续创新（全新的或迭代的），真正实现“产品思维”向“场景思维”的转变，不断通过新品类的拓展提升企业竞争力。工业设计、科技、管理是正在助推企业转型升级的三重驱动，相互联系，密不可分。通过设计创新聚焦市场超前性，通过管理创新重构设计流程和组织模式，通过科技创新支持设计远景的实现。

3.工业设计任务的转变

随着新科技革命的兴起和生产制造模式的转变，传统设计对象正在从“物质实体”向“硬件+软件+商业模式+服务”的方向发展，设计的目的从聚焦于“形态结构创新、增加产业附加值”转向“创造用户体验、驱动产业转型升级”，设计产业的竞争范式正在从“创新点的竞争”转向“创新链和创新生态系统的竞争”。

工业设计以服务制造业高质量发展为导向，要求设计任务从传统的外观设计、结构设计向价值链高端延伸，构建设计与研发端和营销服务端深度协同的专业化设计生态系统。在该系统中，通过设计与制造业和互联网的融合，基于全球供应链形成协同创新生态系统，在互联网平台数据的驱动下开展场景构建和创新设计，使企业摆脱缺少核心技术而被“锁定”在制造业价值链低端生产环节的局面。制造业的“微笑”曲线呈现为闭环式产业升级路径，从“设计—生产—销售”的线性产业链，变成由用户数据推动的环形产业链（图2-8）[①]。企业由以厂商为中心的B2C（Business-to-Consumer）经营模式转变为以消费者为中心的C2B（Consumer-to-Business）经营模式。消费者开放式参与产业链各环节，有助于快速预测、挖掘、捕捉和响应个性化用户的需求，实现快速创新，驱动生产制造环节的价值增值。

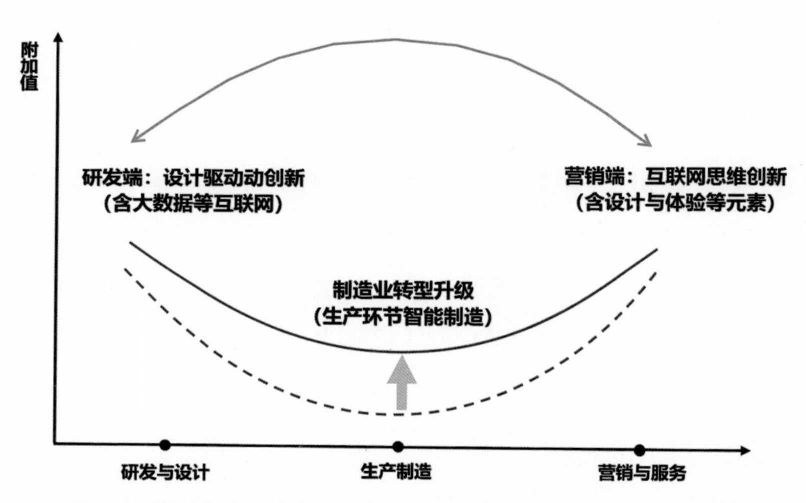

图2-8 “技术研发—设计—制造—互联网”融合与“微笑”曲线升级模式

工业设计产业如何应对制造业升级的要求？通过对2021年珠江三角洲地区17家工业设计企业和5家制造业企业的工业设计部门开展深度访谈和分析，发现工业设计任务的转型主要有两种基本模式（图2-9、图2-10）。图2-9的A模式是工业设计与研发端的融合，通过加强生活方式研究、场景构

① 赖红波.传统制造产业融合创新与新兴制造转型升级研究——设计、互联网与制造业“三业”融合视角[J].科技进步与对策，2019（8）：68-74.

建、趋势分析与跨界技术整合等设计基础研究，加强对产品创新机会的洞察，开展个性化高端产品的突破式创新和行业引领性产品的原始创新。图2-10的B模式是工业设计与销售端的融合，通过加强对电商平台数据的挖掘和分析，基于“前端数据分析+用户反馈+用户价值导向”和场景延伸，构建顾客需求链和需求谱系，快速洞察产品创新机会，通过数据驱动的需求、功能与内容创新，开展新产品和新服务的设计，进一步创新产品销售模式和品牌推广模式。

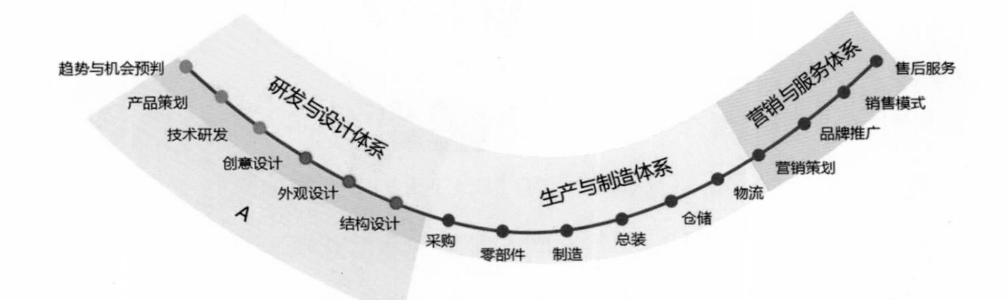

图2-9 工业设计与研发端的融合

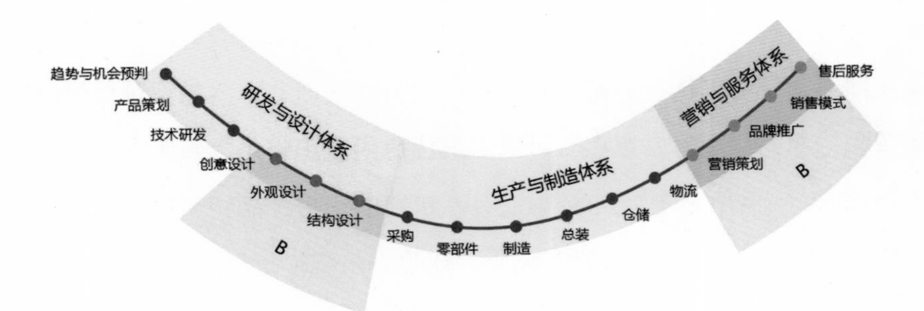

图2-10 工业设计与销售端的融合

4.工业设计产业组织的转变

制造方式和设计任务的转变必将促进工业设计组织模式的转型。在新科技革命背景下，制造的服务化、个性定制化和分散协同化要求在开发新产品的过程中，生产制造、用户、设计师及各利益方处于同一价值生态系统中，共同创造价值和分享价值。依靠云服务平台，用户与设计师、用户与生产企业、设计师与生产企业可以实现低成本实时链接和协同创新（图2-11）。设计师依靠互联网平台和大数据，通过线上线下模式与潜在用户进行“充分沟通”“实时互动”和“协同设计”，全面了解用户需求。

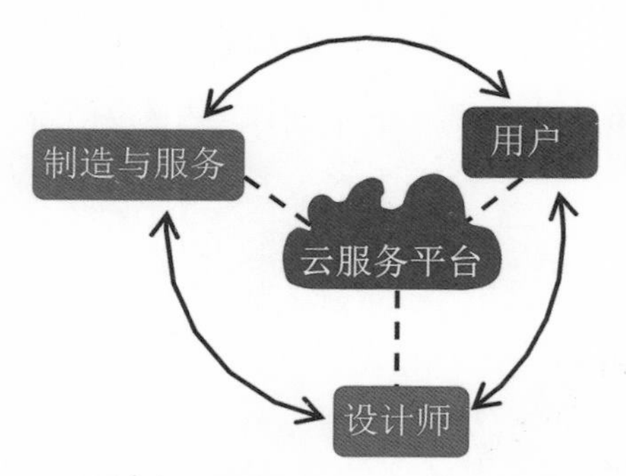

图2-11 “互联网+制造”模式下工业设计的切入

数字技术的力量正在驱动行业间前所未有地相互渗透，并从根本上改变了经济模式[1]。数字化转型将是企业战略的重中之重，线上经济对线下经济加速替代，企业对平台模式和创新生态系统的依赖达到了前所未有的程度，对数字化转型的需求急剧上升。生态系统是由相互依赖的企业和关系所构成的复杂网络，旨在创造和分配业务价值；就其性质而言，生态系统可横跨诸多地域和行业，实现多方互惠和协调。最出色的组织将生态系统创新视为增强竞争力的有效路径：扩宽市场渠道，从单纯的销售产品转向销售内容及定制体验，不断扩展创新的领域和范围[2]。在生态系统中，行业界限日益模糊，并且在不断重塑，密集的跨行业合作有助于激发创新机会和动力、降低成本和快速增加收益。随着客户喜好不断变化、购买行为从面向产品转向面向体验或服务，产业的竞争从各种意想不到的行业外部涌现，创新形式的多样

① Saul J. Berman, Peter J. Korsten, Anthony Marshall. 数字化重塑进行时[R]. 北京：IBM商业价值研究院，2016.

② IBM商业价值研究院 . 平台经济：后疫情时代，获得更大生存空间[M]. 北京：东方出版社，2020：5-6.

性、开放性和生态化将越来越重要。产业的数字化重塑，促使企业竞争范式的转型，低成本生产要素、资源的稀缺性和难以模仿性变得越来越困难，价值观和基于数字化的洞察、连接、整合与创新的组织能力将成为企业转型与发展的核心能力。基于生产方式和生产关系优化与构建的持续迭代创新与交付，将是数字化重塑背景下设计思维和工业设计产业组织转变的目标①。

第三节　知识生产模式的变革

3.1 三种知识生产模式的演变历程

自19世纪末洪堡将科学研究职能引入大学，大学的学科组织开始制度化；现代大学打破了中世纪宗教对于知识生产的垄断地位，成为知识生产的发源地，科学知识生产逐渐成为大学的核心职能之一。在新科技革命背景下，人类正在经历着科学、技术、社会和人文知识生产方式的根本变革，现代大学的办学规模和类型也在快速变化，其知识生产模式也发生了重大变化。从宏观上看，大学的知识生产模式先后经历了从追求学术卓越的知识生产模式Ⅰ，到注重问题解决的知识生产模式Ⅱ，再到突出协同创新的知识生产模式Ⅲ②。知识生产模式演进的轨迹，反映了不同时代背景下经济社会发展对大学知识生产的不同要求。

19世纪末，洪堡将科学研究职能引入大学，以兴趣为主导、以学科为基础的知识生产模式Ⅰ形成，知识生产成为大学的重要目的。20世纪初，受实用主义思想影响，人们对大学与社会关系的观念发生了转变，主张教育应该

① 丁少华.重塑：数字化转型范式[M].北京：机械工业出版社，2020：45-47.
② 白强.大学知识生产模式变革与学科建设创新[J].大学教育科学，2020（3）：31-38.

为经济和社会服务。在此影响下，“威斯康星思想”出现，并将社会服务职能纳入大学，大学与社会的联系日益紧密，打破了其传统封闭状态，由此带来知识生产模式转型的萌芽[①]。

20世纪70年代后，经济和科技的发展使西方由“工业经济”转向“后工业经济”社会，高等教育成为经济发展、技术进步的主要驱动力。20世纪 80年代以来，科技与经济的协同发展促进了知识生产模式的深刻变革，知识生产呈向外快速扩散的趋势。以大学和学科为核心的“洪堡模式”逐渐被新的知识生产模式所取代，即由“模式I”向“模式II”转变[②]，知识生产模式II逐步成为时代的主题。“模式II”趋向于以应用问题为导向，打破了大学与学科的限制壁垒，强调参与组织的异质性与多元化，而产学合作正是适应于该情境的典型范式。高校与企业之间的耦合互动突破了知识生产与应用的线性分工模式，克服了“模式I”情境下大学与产业关联的局限性，跨组织合作方式有利于形成专业性战略联盟，不仅使大学科研成果及时有效地得到产业化验证，而且构建了大学研究成果与产业开发之间的循环反馈链，从而在观念和体制上超越了“布什范式”（图2-12）[③]，本质上过渡到基础研究与应用研究相互融合的“巴斯德象限”（图2-13）[④]。因此，“模式II”下的产

① 郝龙飞.专业学位研究生科研能力培养的困境及出路——基于新知识生产模式的视角[J].扬州大学学报（高教研究版），2020（1）：112-118.

② 肖丁丁，朱桂龙.产学合作中的知识生产效率：基于“模式Ⅱ”的实证研究[J].科学学研究，2012（6）：895-903.

③ 万尼瓦尔·布什在《科学:无疆的前沿》中强调基础研究的作用，并借此提出了一种线性创新模式，即 “从基础研究→应用研究→技术创新与开发”，每个后续阶段都要依赖前一个阶段。

④ 美国普林斯顿大学学者斯托克斯(D. E. Stokes)1997年在《巴斯德象限：基础科学与技术创新》提出科学研究的“应用与基础”二维模型，用法国科学家巴斯德的基础研究有较强的应用导向为例说明了科研过程中认识世界和知识应用的目的可以并存的现象。后用巴斯德象限泛指应用引发的基础研究，即既受好奇心驱动又面向应用的基础研究。Stokes认为，纯基础研究（玻尔象限）与纯应用研究（爱迪生象限）是各自沿着自己的轨道发展的，而带有应用目的的基础研究（巴斯德象限）是连接上述两个轨道的枢纽沿着自己的轨道发展的，而带有应用目的的基础研究（巴斯德象限）是连接上述两个轨道的枢纽。

学合作关系更有利于新知识的生产与应用，从而有效服务于企业创新与产业升级过程。

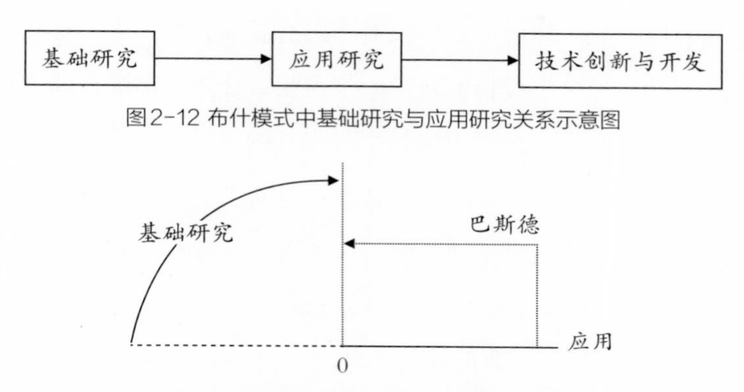

图2-12 布什模式中基础研究与应用研究关系示意图

图2-13 巴斯德象限：知识生产模式Ⅱ示意图

根据亨利·艾茨科维兹等人2000年发表的文章《创新动力学：从国家创新系统和模式到大学—产业—政府三重螺旋关系》，知识生产模式Ⅱ是基于“三重螺旋”模型（大学—产业—政府关系网络），通过大学、政府、产业之间协同互动关系实现的创新模式。知识生产模式Ⅱ的诞生，对世界高等教育产生了深刻的影响。在其影响下，20世纪八九十年代诞生了一大批新型大学，如美国麻省理工学院、英国沃克大学、澳大利亚莫纳什大学、印度理工学院以及新加坡南洋理工大学等典型的“创业型大学”①。

21世纪以来，随着经济全球化、信息和知识网络化趋势的加剧，经济发展模式由传统的“要素驱动”和“效率驱动”向“创新驱动”转型，创新成为经济社会发展关注的主要问题，且日益复杂和不确定，企业和社会公众在知识生产过程中地位的日益凸显，知识生产模式需要整合和集成包括大学、产业、政府和社会公众在内的更多主体的深度融合。于是，一种“超学科”（Trans-disciplinarily）的知识生产模式应运而生，被美国学者伊莱亚斯·卡拉亚尼斯（Elias G. Carayannis）等称为“知识生产模式Ⅲ”。知识生产模

① 龚放.知识生产模式Ⅱ方兴未艾：建设一流大学切勿错失良机[J].江苏高教，2018（9）：1-8.

式Ⅲ面向经济社会发展的复杂问题，整合多元主体、回应多元诉求、着眼协同创新，引领了大学知识生产范式的又一次变革。经济社会及科学技术的飞速发展，有效地缩短了知识更新和应用转化的周期，为了满足社会对新知识的需要，大学作为知识生产和创新者，与企业、社会、市场和社会公众的联系和合作越来越紧密，为模式Ⅲ提供了现实基础①。2009年，卡拉亚尼斯和坎贝尔教授在其论文《模式Ⅲ和四重螺旋：走向二十一世纪分形创新生态系统》中提出了建立在"四重螺旋"模型（大学—产业—政府—社会公众）和"五重螺旋"模型（强调社会自然环境对知识生产和创新的作用）结构上的知识生产模式，形成了模式Ⅲ的理论基础。

根据卡拉亚尼斯和坎贝尔两位教授的观点，模式Ⅲ将新的知识范式融入知识生产中，构成新的学科模式，即超学科。"知识集群"（侧重于知识的内部链接）和"创新网络"（侧重于不同知识生产主体的合作）是超学科的核心概念和特点，"竞争、共同专属化、协同演进"是其本质属性。知识生产模式Ⅲ具有情境适应性，强调大学、产业、政府和社会公众实体之间以多边、多形态、多节点和多层次方式的协同创新，其组织结构是一种典型的"多层次、多边、多形态、多节点"的结构模式，具有开放性、包容性和渗透性，其运行模式具有非线性网络协同性②。

吉本斯则认为，模式Ⅰ、模式Ⅱ和模式Ⅲ之间不是对立关系，模式Ⅱ由模式Ⅰ衍生而来，模式Ⅲ是模式Ⅰ与模式Ⅱ的延伸与扩展③。模式Ⅰ更具传统性，强调古典分析、思辨认知、纯基础研究和学科知识的产生，大学是从事知识创造和学术活动的主体，这一时期并不关注知识的应用和转化，基础

---

① 武学超.模式3知识生产的理论阐释：内涵、情境 、特质与大学向度[J].科学学研究，2014（9）：1297-1305.

② 迈克尔·吉本斯，等.知识生产的新模式：当代社会科学与研究的动力学[M].陈洪捷，沈文钦，等，译.北京：北京大学出版社，2011.

③ 张继明.知识生产模式变迁视角下大学治理模式的演进及其反思[J].江苏高教，2019（4）:9-17.

研究与应用研究是分离的。模式Ⅱ强调社会和产业导向、应用情境性和跨学科性，认为知识生产是在应用语境中进行，其目标是解决特定的问题，科学研究要突破学科界限[①]。模式Ⅲ针对社会和产业问题的复杂性与不确定性，试图超越学科范畴，以协同共进方式形成可持续的网络化知识生产生态系统，强调多元参与性、非层级的灵活组织、社会与产业的价值导向与问责机制。模式Ⅲ是模式Ⅰ和模式Ⅱ在新科技革命背下的逻辑演绎结果，是对模式Ⅰ和模式Ⅱ的补充而非取代[②]。模式Ⅰ具有高度专门性和独立性，模式Ⅲ和模式Ⅱ的先决条件是实践者掌握具有一定广度的模式Ⅰ的知识，并具备跨学科或超学科的知识迁移、整合和应用的能力。

3.2 新知识生产模式的特点

当前大学的知识生产模式已经发生了巨大的转变，从洪堡理想（重理论探讨轻实践经验与实际应用的纯学术科学）的时代过渡到学术资本主义（确保外部资金或具有市场特点的学术活动）的时代。学术资本主义不再是根据学术的理论原则来组织科学专业体系，而是根据市场原则来组织科学专业体系[③]。同时，大学知识生产模式的转变绝不仅仅局限在科学研究领域，包括人才培养、社会服务等大学的各种职能都发生了转变，比如人才培养更注重学生创业实践和创新能力的培养，而社会服务不再是单纯大学的知识应用于社会，而是大学知识要主动和经济社会联系在一起，“产学研合作”“大学科技园”等是大学社会服务转变的典型模式。大学新知识生产模式的主要特

① 陈乐.知识生产模式转型驱动下研究型大学改革路径研究[J].高等教育管理，2019（3）：10-18，60.
② 李志峰，高慧，张忠家.知识生产模式的现代转型与大学科学研究的模式创新[J].教育研究，2014（3）：55-63.
③ 王骥.从洪堡理想到学术资本主义—— 对大学知识生产模式转变的再审视[J].高教探索，2011（1）：16-19.

征有[①]：

1.应用性

知识生产模式Ⅰ中，设置和解决问题的情景通常由具有相同学术兴趣的学术共同体所主导，并且以纯理论研究、科学知识生产为主，这种知识生产不带有任何实用目的。模式Ⅱ的显著特征是知识生产目的“市场化”，大学的知识生产目的不再是单纯的“为科学而科学”，而是带有显著的适应市场需求的以解决问题为目标的应用价值取向。在模式Ⅲ中，设置和解决问题的情景转变为主要在一个应用的场景中进行，即它根据经济社会的需要，来进行知识的生产、开发和扩散。

随着知识生产方式从模式Ⅰ转向模式Ⅱ，再到模式Ⅲ的过程中，科研活动呈现出越来越强的应用性语境，更加强调知识的实用性。与传统单纯的探究活动相比，知识生产模式的现代转型更加强调应用性，关注科研活动与解决社会现实问题之间的联系，关注科研活动成果的转化，对经济社会和市场的依赖性显著增强，知识的实用性和价值创造成为评判科学研究价值的重要指标[②]。

2.学科边界的模糊性

知识生产模式Ⅰ是以学科为基础，在一个特定的学科部落中进行，并且不同学科之间有着相对清晰的界限。随着经济社会和科学技术的快速发展，出现了越来越多的单一学科知识无法解决的难题，如美好生活创建、生态问题等，此时需要一种新的知识生产范式，通过整合不同学科知识解决这些复杂难题，知识生产模式Ⅱ应运而生。在此模式中，通过不同学科之间的合作协同解决问题，不同学科的学者聚集在一起共同参与科研活动，在“遵循共

---

① 杜燕锋，于小艳.大学知识生产模式转型与人才培养模式变革[J].高教探索，2019（8）：21-25，31.

② 马廷奇，许晶艳.知识生产模式转型与学科建设模式创新[J].研究生教育研究，2019（2）：66-71.

同分享的一般框架”的基础上[①]，通过理论、方法与技术上的融合，共同获得知识生产，各自的学科边界逐渐变得模糊，呈现跨学科的特征。

与知识生产模式Ⅰ、模式Ⅱ相比，知识生产模式Ⅲ更加注重知识生产过程中资源的优化、主体的协同、跨界的协作，是一个更加开放和包容的知识生产生态系统，各主体间的界限十分模糊[②]。不但突破了学科的界限，更是实现了知识生产场域的“社会化”和大学与社会关系的“无界性”，大学不再是知识生产的“孤岛”，大学的院、系、所与产业、社会公众之间发生了“直接的、无处不在的关系”。

3.多元协同性

知识生产模式Ⅰ是以技能和学术兴趣的同质性为特征，通常以大学为中心、学科为边界构建的学术共同体来主导问题的设置和解决，在学科内部认同的研究范式的指引下开展知识的生产，具有明显的同质性，容易导致激烈的竞争和内卷的形成。

知识生产模式Ⅱ强调在非等级制的组织模式“大学—企业—政府”中围绕特定应用情境来确定需要合作解决的问题，并通过不同知识生产群体和机构的参与、协商来促进知识生产，具有明显异质性。

知识生产模式Ⅲ中知识生产的主体具有显著的多元性和“聚合性”，由“大学—产业—政府—社会公众”结成的“四重螺旋”知识创新组织结构，更加注重知识集群网络的建构和多元性知识资源的整合，尤其重视社会公众（如各类领先用户、营销服务人员、“达人”、某些技艺拥有者等）和产业链各环节人员作为主体参与知识生产的决策和传播，从而使知识生产走向更加广阔的社会和产业领域，知识创新的社会文化氛围更加浓厚，知识生产具有

① 迈克尔·吉本斯，等.知识生产的新模式：当代社会科学与研究的动力学[M].陈洪捷，沈文钦，等，译.北京：北京大学出版社，2011.

② 郝丹，郭文革.知识生产新模式的基本特征与反思——基于库恩科学理论评价标准的考察[J].教育学术月刊，2019（3）：3-12，64.

明显的多元协同性。

在知识生产方式从模式Ⅰ到模式Ⅱ再到模式Ⅲ的转型过程中，协同参与越来越成为科研活动新的研究范式。知识生产的跨学科和超学科性，在促使学科之间、高校与社会公众之间交流合作的同时，也使多元化的知识生产者之间进一步加强了协作，构成了新的协同创新联盟，加速了知识向社会和市场的转化。同时，大学为了获取研究资助，不得不与同行以外的不同类型的非专业人员进行讨论、互相选择以实现各自的科研和知识生产目标，进一步促使知识生产方式呈现出多元协同性的特征[①]。

3.3 知识生产模式转变的价值

1.提高了大学的生存发展空间和能力

知识生产模式的转变，促进了大学与政府、企业、社会公众之间的相互作用和紧密联系，使知识的生产、扩散和使用更有成效；同时，为大学知识生产考虑到了更多的可能性，提高了大学知识生产的空间和能力，大学的“社会性”特征和“工具性”价值日益凸显。麻省理工学院和斯坦福大学的办学实践充分证明了这一点：能够创办产业的研究一般也是最前沿的学术领域，在推进理论和方法论的同时，也能够导致技术的发明[②]。

某种意义上讲，知识生产模式的转型，也是大学自身发展竞争的内在逻辑要求，尤其是在大学发展的外部环境发生急剧变化，高等院校数量快速增长、办学成本攀升、各国政府对高等教育办学经费支出的压力越来越大的形势下。埃里克・阿什比认为，大学要生存必须满足两个条件：一个是忠于大学诞生之日形成的理想，即追求真理和实现人的卓越[③]；另一个是“它必须

---

① 李志峰，高慧，张忠家.知识生产模式的现代转型与大学科学研究的模式创新[J].教育研究，2014（3）：55-63.

② 王骥.从洪堡理想到学术资本主义—— 对大学知识生产模式转变的再审视[J].高教探索，2011（1）：16-19.

③ 王建华.创业精神与大学转型[J].高等教育研究，2019（7）：1-9.

使自己适应所处的社会”，即对社会的变化做出积极的反应，通过教学、科研、服务承担起改造和促进社会发展的责任。生存环境的变化带来了大学发展新的竞争压力，作为知识生产中心的大学，只有加强与政府、企业和社会公众的合作，加速“学术市场化”进程，才是赢得更多的发展机会、资源和空间。大学越来越意识到，如果知识和思想并不能使人们产生社会行动、带来经济效益，那么他们将是无效的。正是这种超越学科的知识生产模式，让一些传统大学获得了新生，而且还催生出一大批新兴的“创业型大学”。

2.加强了大学服务于社会公共利益需要的能力

一方面，大学面临着日益严峻的资源压力，政府无力全部承担大学的学术活动支出，学术人员需要自己负责，直接面向社会和市场获取研究资源。大学在价值观上不再仅仅以“好奇心”作为出发点，而要以“创业创新”作为出发点，融入社会与经济因素，考虑不同利益相关者的需求，知识生产不再仅仅局限于对学科的贡献。另一方面，随着创新驱动发展的经济社会转型，人类面临的诸如环境、气候、能源、卫生、健康等重大公共问题变得日益复杂和紧迫，越来越受到世界各国和社会公众的关注。要解决这些复杂的社会公共问题，不是单个学科、单个国家或社会组织能够完成的。知识的生产必须从单一学科内向跨学科融合和超学科协同转变，只有通过跨学科合作、多元资源的集成和社会公众参与的协同创新，才能满足人们应对社会快速变化和复杂共同问题的挑战，在外在逻辑上满足社会公众对大学知识生产的诉求和期待。

3.重塑了知识的价值

传统的知识生成模式Ⅰ以古希腊的哲学和认识论为基础，大学要崇尚追求人类一切的“真”的“纯粹”的知识，并通过“求真”和“求是”的过程去培养人。“纯粹知识”排斥了科学研究和人才培养的应用性与功利性，并由“基础研究到应用研究再到技术创新与开发”的路径，将大学与社会、企业清晰地分隔开来。知识生成模式的转变，以实用主义哲学和政治论为基础，认为“有用就是真理”，“真理就是有用”，研究的成果应该为社会服务，科学研究的功用才能让人们更有效地行动。日本管理学者、“知识创造理论之父”野中郁次郎和竹内弘高在《创造知识的企业：领先企业持续创新的动力》一书中指出：“在二十一世纪的新经济和新社会中，‘知识’是最重要的竞争性资源，是当今唯一有意义的资源”。“大多数产品和服务的价值，主要取决于怎样才能开发出‘基于知识的无形资产’，像技术诀窍、产品设计、营销演示、对客服的理解、个人创造力和创新等”①。知识价值的多维度必然要求知识生产的多目标、生产模式的复杂性和生产过程中多元协同与交互的非线性。

4.影响着大学人才培养模式的变革

有什么样的知识生产模式，就有什么样的人才培养类型。知识生产模式由强调理论研究的模式Ⅰ转向注重应用研究的模式Ⅱ，以及注重协同创新的模式Ⅲ，直接影响着学科专业人才的培养，驱动着人才培养模式的转型和创新②。

当前知识生产模式的转型，正在倒逼人才培养模式的变革。人才培养已经突破了传统专业的教育教学体系，从较早的师徒制转变为专业型、协作式人才培养模式，到转向跨学科、跨学校、跨国家的联合式人才培养模式，再到当前强调政、产、学、研及社会等多维深度融合的超学科开放协同式人才培养模式。大学急需适应知识生产模式的转型，进一步变革传统的人才培养模式，培养具有多专业背景、跨学科视野、终身学习能力的能够解决实际问题的创新性应用型人才，以应对当前产业和经济社会问题复杂化的挑战。同时，大学在与政府、企业、社会公众等多元组织开放协同培养人才的过程中，由于产业、区

① 野中郁次郎，竹内弘高.创造知识的企业：领先企业持续创新的动力[M].吴庆海，译.北京：人民邮电出版社，2019：7.

② 杜燕锋，于小艳.大学知识生产模式转型与人才培养模式变革[J].高教探索，2019（8）：21-25，31.

域经济社会等发展和需求的多样性，知识生产的动态性与开放性，资源配置的不确定性与优化性，更容易实现人才培养从传统的单一学科专业内的趋同化，转向跨学科，甚至超学科的更加开放的多元化和特色化。

第四节　工业设计人才质量观的转变

4.1设计能力的认识论转变

设计教育工作者和雇主非常关心工业设计毕业生的设计能力。然而，新科技革命背景下，社会和企业对工业设计人员的能力要求是在不断变化的。20年前，设计师最重要的能力是画图，其职责类似于美工，提供量产产品的造型和外观是工业设计师的主要职责。在10年前，工业设计师被认为可以开展产品的功能、结构和体验的创新，设计师成为服务于技术和营销的配角，这种定位一直持续到今天。最近，特别是在一些创业型或产品驱动型公司，工业设计师逐渐成了“产品定义”和设计驱动型创新的主导者，但是这种角色还不普遍。在未来，随着新科技革命驱动的变革，工业设计师将是产品经理的摇篮，而产品经理正是未来商业领袖的摇篮[①]。

英国学者尼格尔·克罗斯（Nigel Cross）在总结对设计专家的设计能力的研究之后指出，“设计能力是一种以解决未明确定义的问题为目的的综合能力”，“设计师式认知”和“设计思维”是设计能力的核心内容。他把“设计师式认知”和“设计思维”作为一组紧密相关的概念，并把其范畴归类为设计问题的界定、解决方案的产生及设计过程策略的运用三个部分，采用聚焦于解决方案的认知策略（Solution-focused cognitive strategies）是其主

① 刘诗锋.刘诗锋：工业设计师是产品经理的摇篮[J].设计，2020（10）：46-51.

要特征。克罗斯引用伊士曼（Eastman）的研究成果指出：设计师在开展设计的过程中，往往以解决方案为导向，而非以问题为导向。英国学者劳森（Lawson）通过对比实验研究也发现：科学家致力于发现规律，会单纯地对问题进行严格定义；设计师则期望达成符合要求且令人满意的结果，在思考解决方案的同时理解问题。这是因为设计问题往往是模糊定义、开放结束的，如果像科学家那样试图全面而清晰地定义问题，则难以在有限的时间和经济条件下产生合适的解决方案。经验丰富的设计师在项目的开始阶段，不会用大量时间去分析问题，而是倾向于通过提出假设性、试探性的解决方案来处理设计任务。在对诸多方案进行讨论、评价、筛选、优化和整合的过程中，逐步形成对设计问题的认识和理解，最终产生令人满意的创新方案。

站在产业高质量发展的角度，工业设计应该作为一种综合性职业，涵盖范围包括工程（技术、材料和加工等）、人体工程学（操作、安全、可用性、健康等）、商业（策划、营销、管理、品牌等）、美学（形式、风格等）、体验与服务，甚至涉及社会、文化和环境等方面的问题。从整体反馈来看，现有毕业生的能力和素质还难以达到产业和社会所期望的水平；多数情况下，学生在学校学习的内容与毕业后的实际工作需要之间还存在着差距。从本质上来看，工业设计通过解构问题来洞察和发现机会，提供一种更乐观的方式审视未来，它将创新、技术、研究、营销和用户联系在一起，提供涵盖经济、社会和环境领域的新价值与竞争优势。如何发展并提供与人相关且有价值的服务，以及如何最大限度地利用各种资源实现这一点，这正是产业和社会对设计师的核心能力和素质的本质要求：从关注形态、结构和功能，扩展到关注组织结构及其资源、服务过程、愿景或目的等战略层面。设计师及其价值不再局限于“画图设计”和产品最后环节附加的“视觉外观”[①]，只有

---

① 约翰·赫斯科特，克莱夫·狄诺特，苏珊·博慈泰佩.设计与价值创造[M].尹航，张黎，译.南京：江苏凤凰美术出版社，2018.

具备与技术专家和市场专家、平台专家、社会专家等进行对话与合作，才能充分理解与洞察用户需求和产品机会，定义产品概念和探索设计方案。

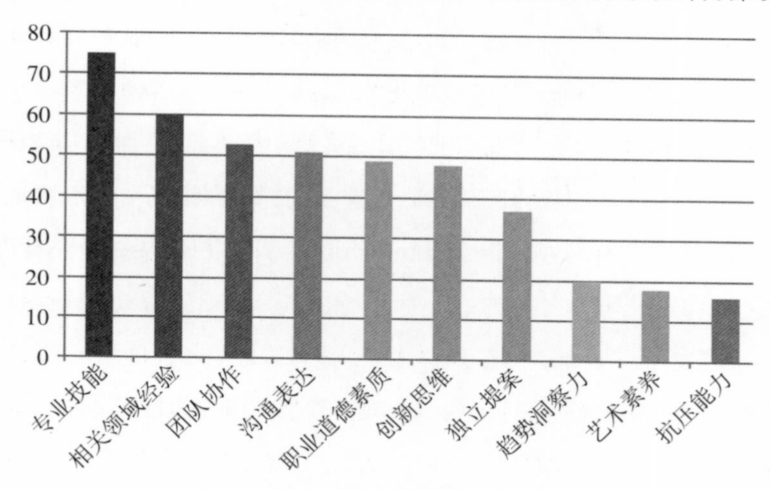

图2-14 设计公司招聘人才能力素质需求前十位的分布

2021年，通过对中国沿海和一线城市75家工业设计公司招聘需求的调研，结果显示工业设计公司对毕业生能力和素质的要求涉及32项，其中排名前十项的要求依次为：专业技能、相关领域经验、团队协作、沟通表达、职业道德素质、创新思维、独立提案、趋势洞察力、艺术素养、抗压能力，各种能力在75家企业的需求中出现的频率具体分布如图2-14所示。同时，调查结果还显示，性格开朗、学习能力、项目管理与领导力、理解能力、逻辑能力、勇于挑战、文档写作能力等一些通用能力和素质，也越来越受到各个企业的重视。

4.2 人才质量评价体系的转变

在新科技革命背景下，为了应对不确定性时代的需求和推进自身的发展，大学越来越追求多目标办学[①]。相对于科学研究和社会服务的显性绩效，教学

① 德里克·博克.大学的未来 美国高等教育启示录[M].曲强，译.北京：中国人民大学出版社，2017：28-29.

质量都是无形的，其评价标准比较模糊，成效难以客观衡量。然而，教学评估对人才质量的提升具有导向作用，是教学质量保障的有效工具和途径。随着科技革命催生的产业、经济社会和知识生成模式的转型，引发了教育主管部门、行业组织在开展教学评估和人才质量评价工作时，采取的指标体系不断转变。对照中国教育部2021年最新发布的《普通高等学校本科教育教学审核评估指标体系（试行）》、英国教育部“教学卓越与学生成果框架”(Teaching Ex - cellence and Student Outcomes Framework，简称TEF)中的评估标准、美国全国艺术和设计协会（NASAD，National Association of Schools of Art and Design）的认证标准，分析和解读工业设计人才质量评价体系的转变。

1.中国教育部《普通高等学校本科教育教学审核评估指标体系（试行）》

2021年2月，中国教育部发布了《普通高等学校本科教育教学审核评估实施方案（2021 — 2025年）》，制订了《普通高等学校本科教育教学审核评估指标体系（试行）》。以第二类审核评估为例①，其指标体系包括了办学方向与本科地位、培养过程、教学资源与利用、教师队伍、学生发展、质量保障、教育教学成效等方面②。在人才质量评价体系方面，具有如下六个方面的特征：一是突出人才培养目标要适应社会经济发展需要，体现学生德智体美劳的全面发展。二是突出科教融合、产教融合，体现产出导向，培养学生的创新能力或实践应用能力。三是突出专业建设对接国家重大发展战略或区域经济社会与产业发展需要，考核围绕国家和区域经济发展需要，或者围绕产业链和创新链设置和管理专业的情况。四是突出产教融合的实践教学条件建设、校企“双导师”制、与行业企业共建课程、面向产业发展实际需要的应用型教材建

① 该类指标体系适合于本科人才培养目标以学术型人才培养为主，或以应用型人才培养为主的院校（含首次参加审核评估高校），这类高校数量占中国普通本科院校的95%以上。

② 别敦荣.新一轮普通高校本科教育教学审核评估方案的特点、特色和亮点[J].中国高教研究，2021（3）：7-13.

设、产学研合作项目转化的教学资源建设。五是突出创新创业教育贯穿于人才培养全过程，全方位融入专业教学。六是强调人才产出的要求，考核学生综合应用知识和独立解决生产、管理和服务中实际问题的能力；重视学生成长增值评价，如学习体验、自我发展能力和职业发展能力；毕业生面向区域和行业企业的就业情况、就业质量及职业发展，毕业生的升学情况。

《普通高等学校本科教育教学审核评估指标体系（试行）》的教学评估价值取向呈现以下四个方面的特征①：一是从注重外部的价值开始走向内外部价值兼顾，紧紧围绕学生发展为中心，突出“以学为中心、以教为主导”的价值导向。评价体系既体现了政府管理部门预定目标的导向作用，也充分体现了自身发展目标和特色的建构性，给人才培养的个性化发展提供了足够的空间。二是评价的工具理性和价值理性的结合。在审核评估中将目标建构、学校发展、大学质量文化等置于评估的核心地位，体现了教学评估对目的性价值的追求，使评估的过程成为学校发展、学生成长的过程，追求合目的性和合工具性的统一。三是强调创新创业能力与实践应用能力导向的培养主体多元性和培养组织多样性。随着知识生产模式呈现出跨学科、超学科的特征，学科专业生存发展的逻辑将日益多元化。围绕国家和区域经济发展需要、围绕产业链和创新链建设专业，依托行业产业条件与资源培养人才，强调产、学、研在人才培养过程中的协同作用，突出学生解决实际问题的创新能力和实践应用能力。四是人才培养质量评价方式的多元价值转向。政府或学者专家不再是唯一的教学评估价值主体，“学术性”不再是衡量人才培养质量的唯一标准。高校、学生、行业企业、第三方组织等将都成为价值主体，都有机会表达自身的评估诉求和价值判断，评估越来越关注学习体验性、学习的产出结果与应用效果、人才的职业发展与社会贡献等多元价值的融合。

① 曹晶.本科教学评估的价值取向及审核评估实施的思考[J].财经高教研究，2021（1）：28-31.

2.英国教育部“教学卓越与学生成果框架”①

2016年，英国政府开始启动实施基于“教学卓越框架”（Teaching Excellence Framework，简称TEF）的高等院校教学质量评估体系，为了更切合评估的主题，2017年10月英国教育部将“教学卓越框架”更名为“教学卓越与学生成果框架”（Teaching Excellence and Student Outcomes Framework），简称仍为TEF。TEF是英国乃至世界范围内首次由政府主导的以“学”为中心的教学质量评估体系，以“学生学习”为中心的学习范式赋予了教学质量评估新的内涵，突出教学评估从评“教”转向评“学”。

表2-1 TEF评估内容与标准体系②

评估内容	核心指标	评估标准
教学质量	课堂教学 课程评价与反馈	教学能提供充分的激励和挑战，增加学生学习的参与度； 具有认可并奖励卓越教学的校园文化； 课程标准、课程设计和评价能有效拓展学生的知识和技能，发展学生潜能； 学生能通过课程评价和反馈获得进步和发展。
学习环境	学术支持 学生保有率	教学资源能有效帮助学生发展自主学习和研究的能力； 学习环境能帮助学生了解最前沿的学术研究和专业实践； 基于学生个人制订培养计划，减少辍学率，增强学生就业和升学能力。
学习成果与收获	学生就业或深造率 学生高技能就业或深造率	学生掌握学习和职业技能，尤其是达到高质量学习和高技能就业目标； 学生获得生活所需的知识、技能和素质； 弱势群体及有学习障碍的学生能取得良好学习成果。

① 欧阳光华，沈晓雨.学习范式下的高校教学质量评估——基于英国教学卓越框架的实践考察[J].大学教育科学，2019（6）：81-88.

② 资料来源：Department for Education, Teaching Excellence and Student Outcomes Framework Specification[R].London:Department for Education, 2017:23-26.

作为学习范式下教学质量评估的实践创新，TEF以“学生学习”为逻辑主线，以“学习效果”为核心内容，以“学生发展”为主要目标，强调教学质量的高低应通过学习效果来考量，教学质量的评判与学习体验紧密相关。评估的内容主要包括三大领域六大核心指标：一是教学质量，具体包括课堂教学、课程评价与反馈。二是学习环境，具体包括学术支持、学生保有率。三是学习成果与收获，具体包括学生就业或深造率、学生高技能就业或深造率。详细评价标准如表2-1。教学质量主要评估教师提供的教学内容和学习方式，教师教学是学生学习的过程性影响因素，与学生的学习兴趣、学习投入和学习效果紧密相关。学习环境考察院校对学生学习的资源支持，也是学习过程的支持和学习效果的投入性影响因素。学习成果与收获作为教学质量最直接的反映，是教学活动和学习环境投入的最终结果，也是教学评价的核心内容和聚焦点。

随着学生在高等教育中的地位日益凸显，大学逐渐从“传授高深知识的场所”向“产生学习的场所”转变。本科教学的新范式——学习范式(Learning Paradigm)，自1995年美国学者巴尔（Robert B.Barr）和塔戈(John Tagg）首次提出以来，逐渐成为国际高等教育变革的重要基调，其主要特征是以学生学习过程、学习效果和学生发展为中心。TEF对“教学质量”的内涵进行了重塑：教学质量首先是 “学”的质量，“教”的质量要通过“学”的质量来反馈，学生“学”的质量是教学质量评估的核心。教学的资源性投入和教师教学支持能够使学生积极投入学习、获得良好学习体验、取得显著学习成果的学校被认为有更高的教学质量。具体来看，TEF在实施过程中主要体现以下特色：一是评价主体的开放多元性。在评估主体上，TEF构建了多元主体参与机制，综合考虑国家、学校、行业企业、社会和学生的需求。评估过程中，TEF让学生作为核心成员参与评估决策和评估报告的撰写；充分考虑学科专业差异性，吸纳各学科的教学专家、企业雇主代表参与评价。二是评价内容向学习效果和学习过程的转变。TEF坚持对“投入—过程—产出”的闭环评价，以学习效果为核心，兼顾学习过程和教学投入。教学能否帮助学生增加学习兴趣和投入、促进学习反思和积极性、提高学习动力和能力、克服学习困难、增强与世界各地毕业生的有效竞争等，成为评估教学质量的重点。同时，教学应该注重因材施教、关注每一个学生的个性化发展。教师职称学历、生师比、学时数等外在要求在评估中的重要性降低。教学质量评估的核心内容要从关注外部对教育的投入向关注学生学习效果和学习过程的内涵转变。

3.美国全国艺术和设计协会的认证标准①

美国全国艺术和设计协会（National Association of Schools of Art and Design，简称NASAD）成立于1944年，属于美国教育部（U. S. Department of Education，简称USDE）认可的对美国艺术与设计专业进行认证的权威机构。NASAD认证涉及的艺术与设计类的专业有：传达设计、数字媒体、插画、工业设计、室内设计、纺织品设计等20个专业，认证办学层次包括本科、硕士、远程教育、非学位教育等。美国的工业设计本科专业学位分为多种类型，如工业设计学士（Bachelor of Industrial Design）、工业设计理学学士（Bachelor of Science）、工业设计美术学士（Bachelor of Fine Arts）等。

NASAD的工业设计本科专业认证，强调毕业生具备基本的职业实践能力，评价体系涉及11种基本知识和能力：（1）设计产品和系统的能力，涉及产品的价值、开发、制造、实现、分销，以及与环境、社会的联系。（2）能够使用与多维设计表达、开发、推广和应用相关的技术和工具。（3）工业设计史的基础知识。（4）用户体验、人的因素的相关知识和调查

① 卢国英.美国NASAD认证对中国艺术和设计教育的启示[J].设计艺术研究，2017（3）：39-43，48.

评估方法。(5) 多维度研究，定义问题、变量和需求，概念化、评估、测试和优化方案的能力。(6) 口头、书面、可视化或者多媒体表达概念和设计细节的能力。(7) 专利、商标和版权等知识和申报维护技能。(8) 商业项目设计实践的能力与知识，协同创业、制造、工程、营销、服务和生态，以及社会责任相关的能力。(9) 在跨学科团队中有效工作的合作技能。(10) 加强技能和理论深造学习的能力，深化和拓展工业设计职业知识的能力。(11) 具备学校教学之外的设计知识和技能，如实地调查、实习、与专家和行业团体开展项目合作、开展国际项目合作经验等。

NASAD 认为工业设计本科专业入门级的知识和能力可以通过通用标准教育、专业标准教育和通识教育获得，专业标准中涉及的知识和能力，应在不同的专业课程中通过学习和训练，逐步得到发展。从NASAD开展专业认证的11项标准来看，工业设计专业评估具有如下四个特征：(1) 注重跨学科、超学科联合创新的综合能力要求，如产品和系统设计中对价值、开发、制造、实现、分销，以及与环境、社会关系的分析，跨学科合作工作中的有效技能。(2) 注重基本技能应用和设计项目实践能力的要求，如概念与设计细节表达、专利维护、商业项目设计实践能力等。(3) 注重学习过程与学习成果的导向，以及学生发展能力的培养，如整个体系主要关注学生学习过程的组织和学习能力的输出，强调学生的职业发展或深造学习，对教师职称学历、生师比、课时数等外在要求的关注降低。(4) 注重开放式学习环境建设和学习能力的培养，如强调实地调查、实习、与专家和行业团体合作、国际合作经验，以及协同创业、制造、工程、营销、服务和社会责任等。

第三章

工业设计教育范式的转型

第一节 大学范式的转型

1.1两种传统的大学理念[①]

19世纪著名思想家约翰·亨利·纽曼（John Henry Newman，1801—1890年）在他的著作《大学的理想》前言中提出，“我对大学的看法如下：它是一个传授普遍知识的地方”。根据纽曼的大学思想，一方面，大学的根本目的是理智（知识）的而非道德（价值）的；另一方面，大学是传播和推广知识而非增扩和生产知识。纽曼认为，科研是科学院的主要工作，大学主要是给学生教授科学，如果大学的目的是科学技术和哲学发现，那大学就不应该拥有学生；如果大学的目的是进行宗教训练，那大学就不会成为文学和科学的殿堂[②]。同时，纽曼认为，大学教学与科研是相冲突的，科学发现和知识教学是两种迥异的职能，也是迥异的才能，同一个人兼备科学发现和知识教学这两种才能的情形并不多见。

与纽曼大学观念对应的，是德国近代著名的自由主义政治思想家、教育家、比较语言学家、柏林洪堡大学的创始者威廉·冯·洪堡（Wilhelm von Humboldt，1767—1835年）提出的大学理念。洪堡认为，现代大学应该是

① 曾惠芳，李化树.英国纽曼与德国洪堡的大学理念比较[J].理论观察，2009（4）：110.

② 约翰·亨利·纽曼.大学的理想（节本）[M].徐辉，顾建新，何曙荣，译.杭州：浙江教育出版社，2001.

教学与科研相结合的场所，大学兼有科学探索、个性与道德修养的双重任务，而且必须提倡学术自由，完全应以知识学术为最终目的，并非培养务实型人才。洪堡对19世纪以前单一教学职能的“教学型大学”提出了自己的异议，他认为在科学的发展上大学的贡献丝毫不亚于科学院，大学在专业研究方面的成就正是通过教学活动取得的。洪堡认为，大学的任务应该超越教学和传播科学知识，在大学里，教学与科研并不是相互矛盾的，应该是相互促进的。“大学教授的主要任务并不是‘教’，大学学生的任务也并不是‘学’；大学学生需要独立地自己去从事‘研究’，至于教授的工作则在诱导学生研究的兴趣，并进一步指导并帮助学生做‘研究’工作”。在教学实践中开展科学研究，以科学研究为教学提供新知识和新动能，促进教学向纵深和科技前沿发展，教学与科研相互依赖、相互促进、相辅相成，协同培养人才，共同为大学的持续、和谐、健康发展服务。

纽曼提倡大学教育要扩大学科范畴，不能过分突出某个学科，让学生在跨学科多领域知识中耳濡目染，受其熏陶。纽曼认为，“知识本身即为目的”，大学就是为知识而知识。大学教育应提供普遍性的知识和完整的知识，不是狭隘的学科或专业知识。基于这一目的，纽曼认为大学教育应该追求“自由教育”，即内化于培养智慧、勇敢、宽容、修养等于一身的绅士。要实现自由教育，大学应该创建良好的学习氛围，鼓励学生主动进入知识领域，进行开放式、互动式的学习，并通过各种手段使知识真正内化为自己整个知识体系的有机组成部分。

洪堡反对百科全书式的知识教育，他特别强调哲学在各门学科中的基础性作用。大学必须保证教学与科研的自由，充分发挥教授与学生的个性，最大限度地发挥其积极性和创造性。大学教授应该对学生独立研究进行指导与支持，要注重培养学生的研究能力，通过师生的共同努力，通过教学与科研的相统一，形成活跃的学术氛围，创造标志性的学术成果。总而言之，大学应提倡教学自由，学校没有固定的教学计划和规定学生的必修课，学生可以自由选择课程，仅由考试来考察与控制。显然，这是尊重自由个性的人文主义思想的典型体现。“教学自由、学术独立、教学与科研相结合”的办学思想是洪堡教育改革的核心。

1.2 传统范式的困境与转型

大学作为知识生产组织，其发展除受学术逻辑制约之外，还深受经济社会发展的影响。“一旦经济—技术范式发生了变迁，经济社会发展实现了转型，大学的发展范式也必然会发生相应的变革。”[①]伴随新一轮科技革命的快速推进，当前经济社会发展已经从要素驱动向效率驱动和创新驱动转型，全面进入了高质量发展阶段。在以数字经济、人工智能和融合创新等为特征的新一轮科技革命背景下，传统的以教学和科学研究为中心的大学发展范式，正面临着前所未有的严峻挑战。纽曼与洪堡提倡的自由教育、教学自由、学习自由、学术自由、强调学生的“好奇心”等，虽然与当今提倡“以人为本，充分尊重学生的个性与创造性”等理念一致，但是难以与新科技革命背景下社会、经济和科学技术的发展范式匹配，也难以适应“大众创业、万众创新”等国家和经济社会发展的战略要求。“大学的理想主义不仅是大学本身应有的理性和追求，同时也代表着一个社会的理性和追求”[②]。在创新驱动发展的经济社会发展范式下，大学在国家战略和社会经济中的价值越来越突出，正如丹尼尔·贝尔在《后工业社会的来临》一书所指出：“大学（或其他形式的知识机构）作为发明和知识的新源泉将成为未来100年的核心机构。”

新一轮科技革命激发了以要素和效率为驱动的“经济—技术”范式向以

① 王建华.创新创业的挑战与大学发展范式的变革[J].大学教育科学，2020（3）：57-63.

② 眭依凡.大学理想主义及其实践研究[M].北京：北京师范大学出版社，2019：17.

创新为驱动的“经济—技术”范式转移，传统的教学型、研究型大学难以应对创业革命和创新驱动发展的现实需要。为了应对基于知识的创新驱动发展的挑战，在保持组织连续性的基础上，通过发展范式的变革实现大学的转型发展至关重要。在知识经济的社会里，大学是创新的引擎和创业的孵化器，唯有以创新创业为发展范式的大学，能保障人类经济社会发展和繁荣的可持续性。创新创业发展范式的扩散塑造着产业和社会经济发展的未来，大学发展范式的创新创业转型，既是对创新驱动发展的应对，也是大学自身的“创新创业”[①]。

作为区别于教学型和研究型大学的新的发展范式，创新创业型大学的实践萌芽于第二次世界大战之后的冷战时期。20世纪80年代，创新创业型大学作为一个发展范式的概念正式被提出；在这一阶段，随着知识经济的兴起，发达国家的研究型大学逐渐开始向创新创业型大学转型。21世纪以来，创新创业型大学在部分国家快速发展，典型的有斯坦福大学、麻省理工学院、以色列理工学院等。但时至今日，大学的创新创业发展范式仍处于理论探索和试验阶段，尚未在政府层面转化为普遍的政策和行动，其根本原因是“大学作为一种保守型组织，只要经济社会的发展还没有产生强有力的倒逼机制，大学仍然会遵循旧范式继续存在并发展”[②]。但可以预期，大学从教学型和研究型向创新创业型的范式转换，会类似于“有组织地创新与扩散”，这是大学自身变革与发展的需要，更是新科技革命背景下产业和经济社会转型发展的需要。

1.大学使命和价值观转型的需要

传统的教学型和研究型大学为工业经济社会的发展输出了丰富的人力和智力资源，但在创新驱动发展的后工业社会，传统的教学型和研究型大学以

① 王建华.创新创业的挑战与大学发展范式的变革[J].大学教育科学，2020（3）：57-63.

② 王建华.重审大学发展范式[J].大学与学科，2020（2）：49-57.

“学术”为核心的发展范式与新科技背景下的社会和经济技术发展范式错位。大学与其他组织一样，其价值观体现在确定决策优先级别时所遵循的标准，创新创业型大学将教学、科学研究活动更进一步地纳入产业和经济社会发展中，肩负着“教学—科研—创新创业”三位一体的大学使命，将产业和经济社会发展作为优先的学术目标，致力于教学、科研与创新创业的协同融合和开放创新。未来基于知识的经济和社会需要负责任的、高绩效的创新创业型大学。大学需要以社会为中心，以责任和绩效为标杆，强化外向性、可融合性以及边界的可渗透性，保持与真实产业和经济社会的更紧密联系，并在大学内部普及这种清晰的、统一的价值观。

2.大学自身变革和特色发展的需要

在教学型和研究型大学发展范式下，“学术卓越”是一流大学追求的主要标准，大学的发展与竞争是同质化的。而学术卓越主要是以基于文献计量学的学科内知识生产数量和质量为评价标准，并以一系列外部“假设”的、未经理论论证和实践检验的标准来代替其质量。如影响因子高的刊物就是一流刊物；发表在一流刊物上的论文就是一流论文；高被引的学者就是一流的学者；国家级项目就比省级和产业服务项目高深；拥有某种人才头衔的就是杰出人才等。在创新创业型大学发展范式下，实现卓越的标准是多元的和开放的，虽然需要考虑“学术卓越”，但更需要考虑学生发展、科研转化与应用等带来的产业与社会经济影响力。考虑到不同国家、地区和区域的产业及经济社会发展的差异性，大学只要做出符合自身条件的选择，并“在使命和区域范畴内做出最卓越的工作”，通过创新创业支持产业和社会经济的持续发展，就可以成为具有区域和自身特色的“卓越大学”。

3.产业和社会经济发展的需求

几十年来，以斯坦福大学与硅谷融合发展为代表的实践证明，大学的创新创业与区域经济和社会发展之间存在直接的、可以证实的因果关系。创新创业不同于教学、科研活动，教学和科研主要强调普遍性的学科内高深知识，而创新创业更加强调开放性多元化知识在产业和经济社会情景下的迁移、整合、转化与应用。同时，创新创业更加适应区域和产业特色，不同区域、不同产业领域具有不同的矛盾特殊性、知识需求和竞争优势。比如，由于美国和以色列的区域与产业差异性，斯坦福大学和以色列理工学院在创新创业模式的选择上各有特色，斯坦福大学的创新创业可以覆盖整个价值链，而以色列理工学院的创新创业则只集中于价值链的上游（研发、创新和设计）。从逻辑上讲，创新创业型大学并不是必然出现，而是在特定时期基于特定区域产业和经济社会发展的需求所驱动的，是在实现创新驱动发展和创业革命方面具有比较优势形成的。正如克拉克·克尔的观点："它揭示了一种新的'生产性'平衡，即大学培养学生和创新的能力与社会对高素质人才和新知识需求之间的平衡"[①]。

4.大学知识生产模式转型的需要

大学作为知识传播和生产的主要社会组织，经历了从追求学术卓越的知识生产模式Ⅰ，到注重问题解决的知识生产模式Ⅱ，再到突出协同创新的知识生产模式Ⅲ。随着后工业社会中知识的生产模式向开放式、超学科转型，知识生产、知识融合和知识转化不断加速，大学的科研工作在加速知识生产的基础上需要促成"知识创造价值"。基于区域产业和经济社会的特殊条件，在"四重螺旋"模型（大学—产业—政府—社会公众）结构上协同开展知识生产与转化应用，为区域产业和社会经济的发展提供创新服务，将成为大学需要完成的新使命和学者们需要扮演的新角色。在创新创业发展范式下，大学知识生产的方式以及所生产知识的性质也急剧变化，符合产业和社会创新创业需要的"有用的知识"可能成为最有价值的知识。与之相应，能够通过

---

① 丽贝卡·S. 洛温. 创建冷战大学：斯坦福大学的转型[M]. 叶赋桂，罗燕，译.北京：清华大学出版社，2007：183.

知识生产和知识转化为产业和社会创造价值的学者，可能成为大学里拥有资源最多也最有权势的群体。

5.大学资源和流程重塑的需要

大学与其他组织或机构一样，其能力建设主要受到资源、流程和价值观三个因素的影响①。历史上，创新创业型大学的兴起和大学对外部资源的依赖密切相关。在教学型范式和早期的研究型范式下，大学主要从事以知识传授为主的教学和以“纯科学”为主的基础研究，其资源直接来自政府的财政拨款、学生的学费结余或私人的捐赠，对于外部资源的依赖较为有限，企业和社会对于资助大学也缺乏兴趣。随着新一轮科技革命的深入推进，传统产业与社会经济的转型和新兴产业的发展为了赢得竞争，逐渐开始资助大学，吸引和联合大学开展自身发展所需要的知识生产与人才培养。同时，政府的财政拨款越来越难以满足大学普及与快速发展的资源需求，大学及其内部的院系和学科专业必须提升自己获取外部资源的能力和竞争力。一个院系或学科专业能否在大学里获得生存和持续发展，与教授们是否可以从外部获得资源密切相关，教授们必须通过面向创新创业的知识生产和转化应用，获取更多的资源以保持和强化其学术地位。将资源投入转化为价值的服务过程，人们所采取的互动、协调、沟通和决策的模式就是流程②。流程是组织最基本的能力之一，决定了大学如何整合资源以创造价值。在创新创业发展范式下，大学内部的组织与制度建设需要采取更加灵活的、独特的、更加符合支持区域产业和经济社会发展的创新创业教育模式。

创新创业发展范式，是大学以国家、区域产业和经济社会发展的矛盾特殊性为立足点的发展路径，强调创业的区域优势、本土化与创新的全球化之间的协同。大学的发展不利用全球资源，就无法实现真正的跨学科融合的创

① 克莱顿·克里斯坦森.创新者的窘境[M].胡建桥，译.北京：中信出版社，2014：181.
② 克莱顿·克里斯坦森.创新者的窘境[M].胡建桥，译.北京：中信出版社，2014：182.

新；不扎根本土产业，不充分利用区域优势资源，创业将缺乏服务支持系统和价值实现场景。同时，创新创业型大学所追求的也绝不只是产业和经济社会发展的卓越，“一旦放弃了对人的卓越和真理的追求，大学也将不再是大学”①。大学越来越追求学术卓越与经济卓越的统一，强调人才培养、学术卓越、产业与经济社会影响的相互协同与转化。那些经济社会影响力最大的大学，通常也是人才培养和学术表现最卓越的大学，反之亦然。

第二节　工业设计教育范式的演变

2.1古典范式——从学院派到包豪斯

1.从学院派到包豪斯的转变

传统艺术教育体系在17世纪的法国形成，亦称为“学院派”（Beaux Art）体系②，这个体系来源于法国皇家艺术学院，包括了绘画、雕塑、建筑（设计）三大领域。该体系以写实绘画技法为教育基础，通过200年的发展，几乎对西方所有国家的艺术教育产生了深远影响。如果把从1648年成立的巴黎皇家美术学院到1877年成立的美国罗德岛艺术学院，作为艺术教育发展的第一阶段，那么在这个阶段中推行的教学理念，采用的教学方法，贯彻的评判标准，可以归列入传统的艺术教育体系。这个阶段的艺术教育，奉行的是言传身教，学生模仿延续老师的创作风格、艺术讲究技法、创作讲究天赋和感觉，作品质量的好坏通常以能否符合老师的要求为评判标准。这种教学方式，“从新古典主义时期的艺术，到浪漫主义、到写实主义、到印象派、再

① 王建华.重申大学的理想[J].高等教育管理，2021（4）：26-33.

② “学院派”（Beaux Arts，又称“布杂派”）教育是西方现代意义上建筑教育的发端，它始于17世纪后期的法国“皇家建筑研究会”。

到后印象派的众多艺术流派，一直沿袭使用于其间的学院教育中”。①

工业革命的产生，对包括教育在内的社会各方各面都提出了新要求，在艺术本质发生改变、现代设计逐步形成的时候，学院派体系逐渐成了设计教育发展的阻力。20世纪初叶，“学院派”体系对设计教育的负面作用越来越大；随着产业、社会经济和生活方式的变革，传统艺术教育的变革与专业设计教育的形成变得迫在眉睫。

工业革命后，资产阶级作为新生的阶层开始登上历史的舞台，在这样的形势下，原本以皇权贵族为主要服务对象的艺术和手工艺设计开始转向反映资产阶级民主化的思想与需求。资本家以追逐剩余价值为生产的目标，强调通过生产工具、机器与设备的革新提高生产效率和质量，对市场化的工业产品的设计需求应运而生。同时，随着资本积累的加剧，社会财富两极分化，富裕的资本主义阶层又具备了一定的知识结构和审美情趣，对生活品质的要求也越来越高。为满足现代社会的生产和生活的需求，西方国家对传统艺术、手工艺和建筑设计的教育进行了多方面的改革。在变革的过程中，学院派势力和理性主义者展开了长期的争论。从表面上看，争论的是对待风格和中世纪、古代及文艺复兴艺术的态度；从内涵上看，分歧的根本是对待设计教育中技术教育与艺术教育的关系。这种争论一直持续到1919年德国包豪斯学院(the Bauhaus School)的建立，包豪斯的成立标志着初步完成了现代职业化设计教育体系的建构。②

2.包豪斯教育理念的确立

包豪斯教育思想最大的进步意义在于，它积极对待了艺术与技术之间长期对立的问题，并为它提出了在理论上看切实可行的解决之道。1923 年，包豪斯的首任校长瓦尔特·格罗皮乌斯（Walter Gropius）在魏玛举行国际年

① 庄葳.从包豪斯到乌尔姆的理性设计教育历程[D].汕头：汕头大学，2010.

② 庄葳.从包豪斯到乌尔姆的理性设计教育历程[D].汕头：汕头大学，2010.

展期间，发表了著名的公开演说，提出了著名的包豪斯设计教育口号“艺术和技术：一个新的统一”(Art and Technology：A New Unity)。在这次演讲中，格罗皮乌斯清晰提出了包豪斯的观点：如果说包豪斯的早期重点是要探索所有造型艺术的共性特性，并且努力复兴工艺技巧，那么现在，它不可逆转地转向了“教育出一代新型的设计师”，让他们有能力为机器生产而构思和设计产品。[①]同时，格罗皮乌斯由于受到越来越大的经济压力，希望包豪斯摆脱对少数资本家赞助的依赖，不再专门为他们制作单件的精美手工艺品，转而与工业界开展密切的合作，通过出售产品设计和专利来获得社会和产业界的经济支持。

在包豪斯，格罗皮乌斯号召建筑家、雕刻家和画家都应该转向应用艺术，认为艺术不是一种专门职业，艺术家和工艺技师之间根本上没有任何区别，“艺术家只是一个得意忘形的工艺技师”。格罗皮乌斯将工艺技师的地位，从原本的默默无闻的幕后，提到与艺术家几乎平等的地位，他强调艺术与技术同样重要的思想，推行艺术与技术结合的设计教育，主张将艺术与技术结合的思想融入从设计基础课到设计实践环节的整个设计教育体系。例如拉兹洛·莫霍利·纳吉（Laszlo Moholy Nagy）负责基础课教学后，首先彻底改革了约翰·伊顿（Johannes Itten）原来主张的通过“架上绘画”“雕塑”等形式训练学生的直觉和感性理解，转而在课堂上教授学生们了解基本的技术与材料，要求学生们接受和理性运用新技术与新方法。纳吉的助手约瑟夫·艾尔伯斯（Josef Albers），曾经是包豪斯的学生，1923年受到格罗皮乌斯的邀请留校任教，既负责讲授材料的运用，同时还在彩色玻璃作坊担任作坊大师，后来还主管家具作坊。

① 王启瑞.包豪斯基础教育解析[D].天津：天津大学，2007.

2.2 现代范式——从包豪斯到乌尔姆

1.包豪斯的“技术—艺术”融合范式①

包豪斯学院作为现代工业设计职业化的教育起源，提出的设计教育包括设计工作的所有实践和学科领域，提出了“技术—艺术—科学”三位一体、相互融合的课程体系原型计划（图3-1）。设计教学内容主要涉及工艺、绘图与绘画、科学理论三个方面。

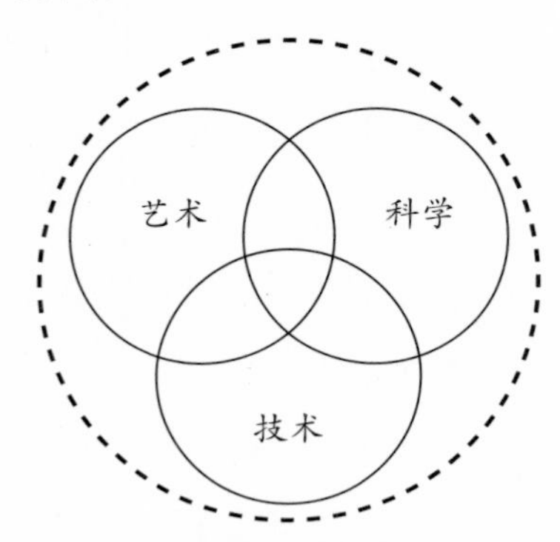

图3-1 包豪斯提出的设计课程体系原型

包豪斯首先兴起于魏玛，然后相继延续到了德绍和柏林两个不同的阶段和地方。在早期的包豪斯，格罗皮乌斯制订的教学大纲无论是指导思想还是具体教学内容，都体现着传统工艺美术和艺术教育的特点，融合性更多体现在“手工艺与艺术的结合”的层面，虽然提出了“技术—艺术—科学”三位一体的原型设想，但这一设想也并未在教学实践中真正实施，在教学中强调的核心仍然是“精湛的艺术”和“手工艺训练”，工业化大批量生产永远不是目的。理查德·迈耶（Richard Meier）曾尖锐地指出，包豪斯早期的目标并非真正的工业化大批量生产产品，而是大批量生产艺术品，并为此提出了以“以人的需求取代奢侈的需求”的口号。到了包豪斯后期，在纳吉和格罗皮乌斯的努力下，逐步实现了包豪斯由“艺术与手工艺结合”向“艺术与

① 吴志军，那成爱，肖璐，等.产业转型背景下工业设计教育的理论基础[J].当代教育理论与实践，2016（6）：31-33.

技术结合”的转变，强调设计的工业化生产和商业竞争。在德绍时期，包豪斯制订了新的课程体系，涉及的教学领域主要包括如下两个方面：(1) 作坊式的实践教学；(2) 形态训练（制作实践和艺术理论）及补充的相关教学内容。在新的教学体系中，原来“技术—艺术—科学”三位一体的三重结构转变成“技术—艺术”两极融合的范式，即作坊中的制作实践和抽象艺术训练，如图3-2 (a) 所示。

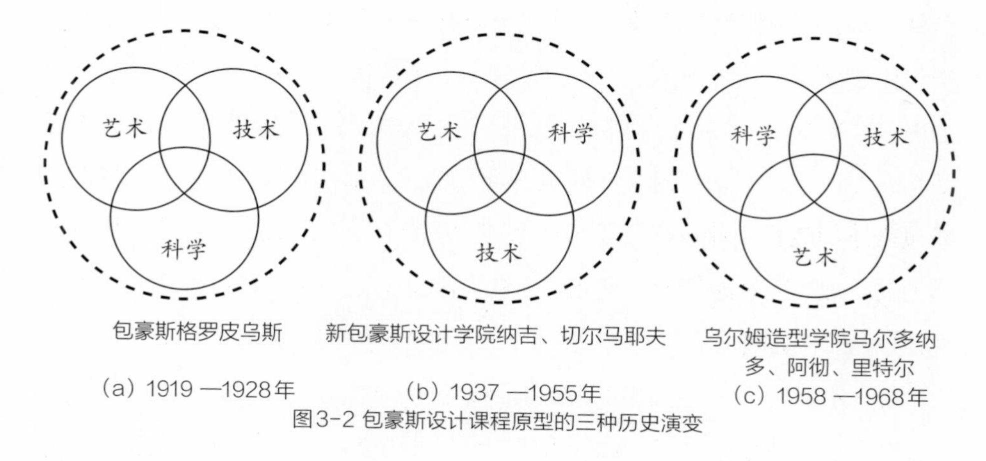

(a) 1919 —1928年　(b) 1937 —1955年　(c) 1958 —1968年

图3-2 包豪斯设计课程原型的三种历史演变

2.新包豪斯的“艺术—科学”融合范式

包豪斯于1933年结束了14年的办学历程。包豪斯关闭后，纳吉、格罗皮乌斯等人将包豪斯的设计教育体系带到美国。作为包豪斯的延续，纳吉于1937年在美国芝加哥建立了新包豪斯（New Bauhaus）。纳吉希望继续忠实于包豪斯最初的设计教育哲学，并在包豪斯原有教学大纲的基础上制订了新包豪斯的教学体系。新的教学体系注重对系统的科学知识的传授，强调设计教育对科学理论和工业技术的进一步接受，并改革了包豪斯以作坊技术为基础的实践教学，提出以专业方向为标准划分系所，将分散的手工式的制作作坊（如木工、金工、编织、黏土、玻璃等）整合为设计系。实际上，纳吉深受美国哲学家、符号学家查尔斯・莫里斯（Charles William Morris）的影响。莫里斯当时主要研究一般符号学原理，在新包豪斯教授课程“知识整合”（Intellectual Integration），他试图用自己的方式表达设计中的艺术、科学和技术三个维度之间的关系。简而言之，莫里斯认为设计是一种符号现象，他将符号学中的语构学、语义学和语用学三个维度对应于设计中艺术、科学和技术的三个方面。种种原因，莫里斯这个雄心勃勃的、高度原型化和哲学化的设计教育范式从未圆满实现。得益于芝加哥良好的学术氛围和人文条件，新包豪斯强调了设计教育中的科学知识和人文教育，对科学课程的讲授也比包豪斯要系统得多。但课程设置上很少涉及生产实践方法和制作过程的内容，减少了作坊式的手工实践，原来“技术—艺术—科学”三位一体的结构转变成了“艺术—科学”两极融合的范式，如图3-2（b)所示。纳吉在新包豪斯的教育设计目标过于关注培养“完整的人”，正是由于过于强调设计的文化理想而缺乏产业和商业职业的实际意义，外界对新包豪斯的疑虑和批评也从未停止过。

3.乌尔姆的“科学—技术”融合范式

乌尔姆造型学院（Hochschule für Gestaltung，简称Ulm）创办于20世纪50年代，在初期明确宣称继承包豪斯的传统。然而，随着第二次科技革命的深入推进和广泛影响，乌尔姆所处的时代与包豪斯有很大不同，科学技术的加速发展，发达国家工业化和自动化程度的显著提高，电力广泛应用，技术分工日趋细密，产品的内部结构日趋复杂，对专门科学和技术知识的工业产品的设计提出了新需求。到了1958年，校长托马斯·马尔多纳多（Tomas Maldonado）已经宣称：“这些想法现在面临着最激烈、最客观的反驳”。1963年，马尔多纳多再次总结了包豪斯的意义：虽然不可否认其重要性，但包豪斯仅仅只是开始，既没有找到健康的发展方式，也没有真正摆脱传统艺术和手工艺的束缚[①]。他宣布：“一个新的教育哲学已经在准备，它的

① 陈雨.乌尔姆设计学院的历史价值研究[D].无锡：江南大学，2013.

基础是科学的操作主义”。接下来，原始的艺术维度课程变得越来越不重要，而科学内容得到了增加和强调，尤其是来自人文和社会科学。乌尔姆的新口号是“科学和技术：一个新的统一”（Science and Technology：A New Unity），彻底改革了一直以来“设计以艺术和手工艺为基础”的理念，建构了“设计应该以科学技术为基础”新范式。自工艺美术运动以来，一直坚持的设计是应用美学（Applied Esthetics）的思想被乌尔姆新的理论模型所替代，设计应该作为应用科学（Applied Science）而不是应用美学，这里的科学包括了自然科学和人文社会科学。乌尔姆彻底摆脱了传统艺术观念下过分依赖个人经验和艺术感受的设计认识，强调工业设计师不是脱离生产实际的艺术家，主张由技术和科学支撑的工业设计模式，原来“技术—艺术—科学”三位一体的结构转变成“科学—技术”两极融合的范式，如图3-2（c）所示。马尔多纳多在1958年提出，工业设计师应该作为“平等参与复杂工业生产的协调者”，应该与技术人员等大量各行各业的专家密切合作，以使设计符合产品大规模生产制造和使用的多种要求。强调在现代科学和技术知识的基础上构建更加系统的、理性的设计方法，教学应该注重科学方法和技术知识，如了解生产过程，掌握生产、材料知识和结构规则等。在课程设置上，乌尔姆的科学理论课涉及数学方法论（如集合论、统计学、概率论、线性规划、评估理论、博弈论等）、科学方法论（如控制论、信息论和系统论）、工艺技术理论（如生产过程研究、力学、工艺设计、材料技术等）、心理学、社会学、符号学等综合理论课程。

从包豪斯理念进化的谱系中可以看出，包豪斯传统的最优的理想设计课程结构原型应该是“艺术—科学—技术”三位一体的融合范式，而在现实历史进化的各个阶段，没有一个成功地实现了这个高度抽象和哲学化的理想模型。无论是魏玛/德绍、新包豪斯还是乌尔姆期间，实行的都只是二元认识论结构，艺术、科学、技术三个维度之间都难以达到相对平衡清晰的权重，各自的功能在设计教育体系中很难达到均衡，这种追求“艺术—科学—技术”融合的“一致性”的设计教育与实践目标，很难在理论课程、研讨课程（Workshops）、工作室制作课程（Studio Work）和专题设计实践课程中保持一致的连贯性。

4.现代范式演变过程中工业设计教育的理论基础

在工业革命演进的过程中，工业设计则从服务于工匠式的手工业，到服务于标准化、大规模化生产的现代工业化系统。设计教育的理论基础主要经历了两个阶段的发展历程，采用了两大主要设计思维逻辑的认识论范式，即应用艺术（Applied Art）和应用科学（Applied Science）[①]。

（1）设计作为“应用艺术”

应用艺术扎根在19世纪，也称之为“工业美术”。“应用”这个词指的是产品一边是实用功能，另一边是艺术。在第一次工业革命后，手工生产逐渐被机器生产所替代，手工艺设计也正是在这种背景下发展为工业设计。在“反对工业化、倡导手工艺复兴”的工艺美术运动退出历史的舞台后，“艺术与手工艺结合”转向“艺术与工业制造技术结合”，“工艺美术”转向“工业美术”，工业设计的教育和课程以“艺术与（工业）技术的新统一”为基础，这正是包豪斯早期的教育理念，设计在包豪斯被认为是艺术或审美理论应用于实践。同时，在包豪斯，“严谨的艺术”是应用艺术的另一种变体，艺术组件开始采用科学的颜色体系，比如瓦西里·康定斯基（Wassily Wassily - evich Kandinsky）和保罗·克利（Paul Klee）开设的色彩理论课程。

工业设计作为应用艺术的思想甚至从包豪斯延续到了乌尔姆的早期。乌尔姆首任校长、瑞士设计师兼雕塑家、画家马克斯·比尔（Max Bill）虽然认识到了“设计不可能脱离工业而存在，开发工业化大批量生产的产品与设

① Alain Findeli. Rethinking Design Education for The 21st Century: Theoretical, Methodological, and Ethical Discussion [J]. Design Issues，2003（1）：5-17.

计一件手工艺品有不同的要求，设计师需要熟悉生产流程，持续地与技术人员、市场人员及用户保持联系”。但在比尔的观念里，工业设计仍然是“将艺术应用于工业”，设计应该创建一种与大众“无聊”的日常生活相对的、“高高在上”的文化。艺术家和设计师的地位高高在上，其他人无法决定产品的形式，比尔甚至否定了工程师成为设计师的可能：“设计师命令、工程师遵守”。此时，比尔仍然对工业和商业保持怀疑和蔑视的态度，认为设计对技术和商业的追求会降低产品的文化和美学意义，会玷污设计师高尚的文化理想[①]。

（2）设计作为“应用科学”

从新包豪斯到21世纪初，正是全球广泛推进工业化的时期，也正是以电气应用、自动化与IT系统为标志的第二次工业革命和第三次工业革命产生广泛影响的时期。科学在设计理论中扮演着重要角色，其“基本原理”被广泛运用于实践。随着系统设计教育思想的提出，设计教育进一步走向理性化和科学化，设计师除了要综合考虑材料、造型、结构、功能上的合理性和人的生理及消费心理需求外，还要考虑成本、运输、安装、营销等方面的问题，“应用科学”取代“应用艺术”成为设计教育的理论基础。到了乌尔姆的马尔多纳多时期，“在作坊中制作模型的技能”已经被“工业生产过程和产品的科学技术知识”所取代，科学和技术取代手工艺和艺术成为设计的基础，工业设计与传统手工艺之间的纠缠彻底决裂，设计实践活动从依靠“直觉”走向基于“科学的手段、方法和技术”。同时，设计对“科学”的追求还表现在设计对象的视觉外观和美学评价方面。例如，格罗皮乌斯在1947年出版的一篇文章中问道：“设计科学存在吗”，虽然他坚持设计创造性的不可约性，不过他将设计过程构建在“客观”的科学背景下，即视觉感知的心理学和视觉信息的组织科学。

① 陈雨.乌尔姆设计学院的历史价值研究[D].无锡：江南大学，2013.

到了20世纪70年代，赫伯特·西蒙(Herbert A. Simon)提出设计是“关于人为事物的科学”（The Sciences of Artificial Things），设计方法论、设计认知论、设计过程等“设计科学理论”逐渐进入设计的教学体系。设计作为“人工科学”（Artificial Sciences），不再是处于科学从属地位的“应用科学”，在某种意义上“设计自身就是一种科学活动”，“设计科学”不仅包括利用人为事物的科学知识，还包含设计中清晰组织的、理性的、整体系统化的方法。显然，这种观念是有争议的，尽管设计方法学在工业设计领域继续发展，但科学的设计方法在日常设计实践中却很少直接成功。科学是分析性的，其目的是“发现”；设计是建构性的，其目的是“发明”。众多设计方法学者与设计师都认为设计活动本身不是，也永远不会成为一项科学活动。设计作为人工科学的学术讨论众多，但在设计教育中并未成为占主导地位的理论基础。

2.3 后现代范式——多元化的探索与实践

进入21世纪以来，随着知识经济的兴起、产业价值链和高等教育的全球化发展，各国基于自身的国家战略、产业需求和经济社会发展需要，探索和构建了多元化的工业设计教育模式。美国和德国等新型工业化和信息化领先发展的国家越来越认识到工业设计是一个跨学科融合的学科，都在探索满足自身需要的设计教育范式，并对全球工业设计教育与产业的发展产生了重要影响。

1.美国典型工业设计教育的探索与实践

从整体来看，美国工业设计教育将专业学习贯穿本科阶段全过程，强调跨学科跨学院的设计学习、突出实践能力和批判性思维的培养[①]。在课程设置上，主要涉及色彩理论、可视化统计、设计方法、产品规划、材料、制造

① 庄丽君.美国工业设计本科教育的特点分析——基于8所高校的样本研究[J].世界教育信息，2017（15）：36-38，42.

方法、消费心理学和环境研究等领域，要求掌握计算机辅助设计和绘画、制图、摄影、原型制作、市场研究等技能，通过以项目为导向的跨学科工作室课程和与企业设计工作实践相结合（企业参与评价学生的发展和成绩）的合作教育（Cooperative Dducation）为抓手，强化对产品设计流程、批判性思维、问题发现与解决、设计概念产品化、团队交流协作、知识应用与整合等专业实践能力和设计职业素质的培养。

在不同的美国院校中，突出的设计教育特色具有一定的差异性。如美国帕森斯设计学院（Parsons The New School for Design）强调科技与艺术融合的设计教育[①]；美国辛辛那提大学 DAAP[②]（DAAP，The University of Cincinnati）学院主张设计教育中研究与实践相结合，进行跨专业与跨课程的教学整合[③]。

罗德岛设计学院（Rhode Island School of Design，简称RISD）注重通过博物馆营造艺术氛围，基于常规性与实验性并置的课程设置培养学生的专业技能与人文素养；鼓励学生在设计表达中探索多元化的媒介和材料；重视与社会社区合作，培养学生对社会需求的理解、批判和洞察能力[④]。2019 年 9 月，RISD发布了学校未来七年发展战略“Next：RISD 2020—2027”，以“公正社会”（Just Societies)、“可持续性原则”（Sustainability）和“创造和认知的新方式”（New Ways of Making and Knowing）三个主题来回应自身使命和未来愿景，即“今天和未来的RISD学生是谁?”“2027再来RISD能看到什么?”RISD强调设计教育应该积极介入妇女权利、医疗保健、清洁

① 赵勃洋.科技与艺术融合下高等教育新启示——以美国 Parson 设计学院为例[J].设计，2017（18）：108-109.

② 全称为University of Cincinnati's College of Design, Architecture, Art, and Planning，即辛辛那提大学设计、建筑、艺术与规划学院，见学院官网：https://daap.uc.edu/about.html.

③ 魏娜，鲍懿喜.美国辛辛那提大学DAAP学院设计教育特点研究[J].创意与设计，2016（1）：92-97.

④ 郑晓迪.美国罗德岛设计学院教育模式探究[J].艺术设计研究，2018（3）：124-128.

水源、气候变化等社区与社会的公正及可持续发展议题，不断提高科学研究和教学能力，突出设计教育在价值导向、可持续发展和知识生产等方面应对社会需求和挑战的使命[①]。

芝加哥设计学院（IIT institute of design）秉承了其前身新包豪斯学院创建之初提出的理念——“确保社会能够最大限度地利用设计的建设性能力，造福社会”，继续致力于培养能“创造性地解决社会紧迫问题的设计领导者”，凸显设计教育担当社会服务的使命感。芝加哥设计学院基于“设计连接生活”的信念，从“社会复杂性”这一议题出发，强调多领域交叉性研究（如粮食安全、医疗保健、旅游、社交媒体、社会正义、教育、可持续发展等）和设计研究的开放性、包容性与多样性（关注设计方法论与设计价值观，而不是设计结论），致力于培养学生以严谨的研究态度、丰富的想象力和批判性思维应对复杂社会问题带来的设计挑战，并培养学生的设计整合能力和协同创新能力[②]。

美国斯坦福大学的哈索·普拉特纳设计学院（The Hasso Plattner Institute of Design，又称d. school）成立于2004年，是以培养学生的超学科设计思维（Design Thinking）能力著称的设计学院。d. school并不是一个通常意义上的学院，它并不授予学位，而是为全校工程、商学、人文、医学等各类学生开设20多门有关设计与创造力、创业、创新、商业、教育、社会与团队领导力等方面结合的课程，促进设计与科技、工程、人文艺术、商业、管理等方面有机融合的创新教育平台。d. school注重教学与真实世界中的问题和项目链接，学生不断与企业界、非营利组织、政府开展合作以推进这些项目，课程都是由来自于工程学院、法学院、医学院、教育学院、人文

① 封帆. 面向现实的艺术学院：从美国罗德岛设计学院七年发展战略看高等艺术设计教育的未来[J]. 工业设计，2020（8）：32-35.

② 米华. 美国芝加哥设计学院研究生教育体系探析[J]. 创意与设计，2019（3）：90-94.

学院等跨学科专家，以及硅谷等产业界精英混搭的教学团队来完成，在学习过程中培养学生问题定义能力、跨学科探索精神、团队合作气质和突破性创新能力。d. school为了培养E时代能够迎接各类挑战的创新人才，通过持续变革，有意识地混搭产业界、学术界以及更为广阔的校园以外的资源，培养商业、工程和设计等专业学生的设计思维和设计战略能力[①]。与大多数工业设计教育不同，d. school关注的设计不局限于传统意义上的技术产品，而是突出利用设计思维充分定义问题、有效解决战略问题和做出各种决策，激发学生通过实践和探索而不是记忆信息来学习，学生可以设计自己的生活、家庭、组织、对话等。d. school提出了技术可行性、商业可行性与用户可用性相融合的设计创新理念（图3-3），开发的课程之一"Design for Extreme Affordability"（极限负担能力设计），在32个国家落地了150个项目，改变了超过1亿人的生活，这些项目设计出了造价极低且性能高的产品，为当地人们解决了食品、农业、电力、营养、住房和教育等领域的现实问题[②]。

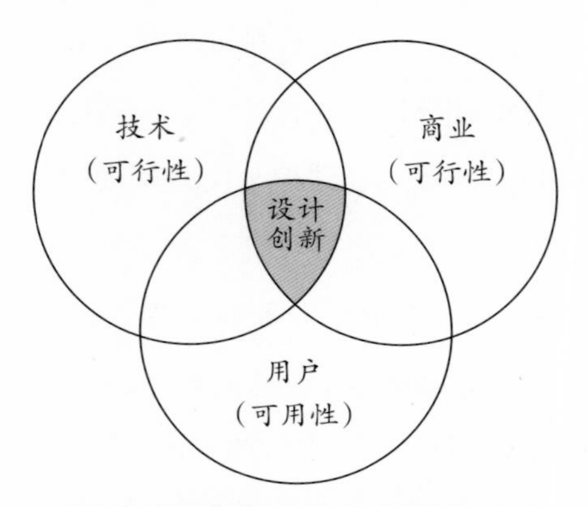

图3-3 斯坦福大学设计学院的设计理念

① 田华，蒋石梅，王昭慧.创新型工程人才培养新境界：斯坦福大学D.school模式及启示[J].高等工程教育研究，2014（5）：159-162.

② 李莹亮，靳松.走进顶尖学府，看美国大学如何推动STEM教育——专访斯坦福大学设计学院（d.school）联合创始人及学术主任Bernard Roth教授[J].科技与金融，2019（9）：33-36.

2.德国典型工业设计教育的探索与实践

德国工业设计教育延续和发展了包豪斯与乌尔姆学院的模式，把动手和设计实践能力的培养放在设计教育的核心地位，同时强调学生设计素养的提升[①]。德国的设计实践教育形式多样，如：（1）设计院校与企业需求结合的项目制课程。教学中学生的很多设计项目都来源于企业需求，企业提供资源和技术支持，学生在导师的指导下以小组的形式参与项目设计，完成设计方案，最终提交企业进行评价。（2）直接到企业进行学习实习。比如在学习结构课程期间，直接到企业学习一些产品（如飞机机翼、风能发电风车叶片、摩托车、自行车等）的结构设计。（3）参加设计展览与竞赛。学生通过制作实物参加德国、美国、俄罗斯等国家和地区举办的设计展览和设计竞赛，通过工作室中技师指导下的实物制作、展览与竞赛评审等，对概念设计的合理性和技术可行性进行验证与评估，锻炼学生的动手能力和思辨能力。

“双轨制”教育体系和“研讨式”教学模式的结合是德国工业设计教育重要特征[②]。“双轨制”强调在结构上艺术与技术、理论与实践双轨同行，突出课堂学习与工作室实践相结合、学术型教师讲授与企业技术人员指导相结合，切实实现学生在艺术与技术、理论与实践层面的协同融合与提高。“研讨式”教学模式是以师生互动、小组协作为基本形式开展的一种教学模式，突出对以学生独立思考、团队协作、创新精神为核心的设计素养的培养。无论是基础课还是专业课，每门课程持续时间较长，有利于通过“研讨式”教学，深入学习设计理论和开展项目设计实践，全面培养设计素养。

德国布伦瑞克美术学院（Braunschweig University of Art）采取以培养学生设计实践能力为主的“开放式”教学模式，其特色主要体现在两个方

① 胡文娟，沈榆.设计实践教育环节的必要性——以德国教育方式为例[J].设计，2015（19）：104-105.

② 董冠妮.德国高等艺术设计教育的研究、学习和借鉴[J].艺术教育，2015（3）：232.

面：项目模块课程和设计专业基础课程[1]。项目模块课程主要培养学生的商业设计实践能力、市场调研分析能力和团队协作能力。项目模块课程以工作室组织教学，工作室的负责教授和讲师共同制订有研究意义的设计项目，学生围绕项目开展讨论、调查研究及设计，学生在教师的指导下完成设计方案，通过PPT的形式进行项目汇报。在项目模块课程中间，学生可随时进入学院的模型制作车间等实验室，在车间师傅的指导下完成设计作品的制作。设计专业基础课程分为三个类别：理论型、探讨型和应用型，主要培养学生在掌握基础理论知识基础上的综合分析和运用能力，锻炼学生发现问题、定义问题和解决问题的能力。设计专业基础课程通常在教室、实验室、设计工作室完成，在一个时间段内完成课程讲授、学生作业、作业阐述、作业讲评等环节，作业形式有设计创作、市场调研报告和解决方案提案等。

德国奥芬巴赫设计学院（Hochschule für Gestaltung Offenbach am Main，简称 hfg）继承和发扬了乌尔姆设计学院的教育理念，重视理论与实践相结合的教育模式[2]。低年级统一教学视觉艺术相关的基础性课程和技术课，学会基本的工具的使用；高年级设置不同专业方向的课程，通过教授工作室组织项目设计课程教学，设计内容主要来自教授承担的一些企业实际项目。在设计技能和设计项目课程学习期间，融入理论课程的学习，奥芬巴赫设计学院非常重视跨学科的理论课学习，鼓励学生跨领域、跨学科学习，重视艺术、社会、科学相关的理论教育，强调独立性、独创性、自由和批判精神的培养。

安哈尔特应用技术大学设计学院（Design Department of Anhalt University）采取整合设计（Integrated Design）的思想对学生进行教育和培

① 杨超.德国布伦瑞克美术学院设计教育启发——设计工作室教学模式的实践研究[J].设计，2016（8）：112-113.

② 代红阳.务实有效的德国设计教育模式：以德国奥芬巴赫设计学院为例[J].山东农业工程学院学报，2015（1）：187-188.

养。学院坚持培养应用型人才的宗旨，为社会培养面向未来、面向实际、掌握科学方法、能够解决实际问题的应用型设计人才。学院从设计发展趋势的前瞻性出发，认为工业设计将会扩展到人们生活的方方面面，可能是一种工具的使用，也可能是一种体验或服务。教学强调打破专业壁垒，加强应用艺术、创意及高科技等更广泛的新知识、新工具、新方法的学习。在掌握基本技能的基础上，学生自主选择两个专业领域学习，通过专业间的整合设计思维和项目设计实践的训练，培养学生为多元化的具体项目或服务提供创造性解决方案的能力。为了扩展学生知识技能应用和综合解决问题的能力，在学习过程中，注重校外实习和实际项目训练，并重视培养学生的社会责任感、自我管理能力与社交能力①。

第三节　工业设计教育超学科范式的构建

3.1新的设计定义

2015年，由国际工业设计协会(International Council of Societies of Industrial Design，简称ICSID)更名而来的“国际设计组织”（World Design Organization，简称WDO）发布了最新的设计定义，即“工业设计是一种战略性的问题解决过程，该过程通过创新的产品、系统、服务和体验驱动变革，建构商业成功和引导更好的生活品质”。进一步扩展开来，工业设计在“是什么”（What is）和“什么是可能的”（What is Possible）之间架起了桥梁。它是一种跨学科的专业，将创新、技术、商业、研究及消费者紧密

① 陈冉.德国应用型设计教育模式探究——以安哈尔特应用技术大学设计学院为例[J].艺术与设计（理论），2018（10）：150-152.

结合，共同进行创造性活动。工业设计通过可视化的方式展示问题和解决方案；通过重新解构问题发现机会，提供新的价值和竞争优势；通过其输出物对社会、经济、环境及伦理方面问题做出回应。

在新科技革命背景下，工业设计既不是“应用艺术”，也不是“应用科学”，应该是“参与式”或“嵌入式”科学，科学调研、机会洞察、技术开发等进入了（而不是应用于）设计项目和设计实践，设计本身就包含了“研究”。从过程和关系来看待一切事物是设计的关键，尽管产品作为物质对象都具备可见的视觉存在，但其隐含的复杂过程和系统关系是不可见的。设计师需要借助新的科学原理、工具和方法探索系统的动态形态和复杂关系，制造商、相关利益者和用户也包含在这个过程和网络中。从设计过程的本质来看，工业设计更像是一种战略性的“问题求解过程”。

同时，工业设计在企业中扮演的角色也在发生变化，根据完成的任务差异，工业设计在企业中通常分为三种类型，即生产型的工业设计、营销型的工业设计和策略型的工业设计。生产型的工业设计为了方便自主研发生产产品的设计，往往以产品的造型、结构、功能、CMF 等为设计对象，是技术驱动的创新。营销型的工业设计以市场为导向，整合营销传播、设计与品牌推广，通过产品设计协同营销促进产品的销售和用户购买满意度的提升。策略型的工业设计将设计作为企业战略的重要部分，融入企业核心竞争力和全产业链开放式创新的框架中，开展行业引领型的产品创新，实现设计驱动的创新，比如推进场景和产品使用方式的可持续创新等。随着新科技革命的深入推进和产业消费“双升级”的需要，企业的工业设计模式正在从生产型的工业设计和营销型的工业设计向策略型的工业设计发展，从以产品和市场为导向向以用户和场景为导向转变。

3.2 新的设计价值基础

新的设计定义重新定位了工业设计的目的，即作为一种战略性的问题解决过程，其重要目的是建构商业成功和引导更好的生活品质。工业设计需要重塑其在产业和社会中的价值。

1. 工业设计价值的本质[①]

价值是一切事物的事实属性对于主体欲望、需要的效用性，是一种关系属性，是一方以另外一方为存在根基的“生成”性关系。价值的生成始于主体的需要，马克思说，“价值是从人们对待满足他们需要的外界物的关系中产生的”[②]。设计价值是以人的现象和需求为出发点的[③]，产品的价值关系到人们支配产品后，欲望的满足程度和所获得的意义，因此产品的价值与主体（人）的行为和主观认知密切相关[④]。互动的生成过程与关系是设计价值产生的形而上学根源，产品的意义就其自身而言，是遮蔽的；只有当产品与人互动时，产品的意义才能呈现出来或者被揭示，这正是源于对产品意义生成本性的思考。

从人的需求来界定设计价值，人是一切价值的前提，是价值的主体，但人并非唯一的价值主体。显然，人不应该独立于自然生态之外，在整体的自然界里，人与其他生物一样，对自然界的稳定、有序和进化具有重要意义，善意的产品设计应该促进人与自然这种稳定、有序和进化的和谐共生关系。同时，在产品的产业链和生命周期过程中，价值主体与客体、价值主体之间存在着多边的共生关系。这种关系既有表现在价值主体（人）与价值客体（产品）之间的交互关系，也表现为以物作为媒介，所引发的人与人、人与

---

① 吴志军，彭静昊.工业设计的伦理维度[J].伦理学研究，2016（4）：122-126.

② 马克思，恩格斯.马克思恩格斯全集 第19卷[M].中共中央马克思恩格斯列宁斯大林著作编译局，译.北京：人民出版社，1963：406.

③ 李立新. 设计价值论学[M].北京：中国建筑工业出版社，2011.

④ 约翰·赫斯科特，克莱夫·狄诺特，苏珊·博慈泰佩.设计与价值创造[M].尹航，张黎，译.南京：江苏凤凰美术出版社，2018：88-89.

社会、人与自然之间的互动关系①。根据哲学家伯纳德·卢默尔的关系理论，关系分为单边关系和多边关系。用关系性力量来从事设计，需要控制、协调、融入更多情感和整合多利益方的需求。设计的目的是构建起消费者、制造商、销售商等多边利益之间的关系，支持多利益协调。无论是消费者服从设计师，还是设计师迎合消费者，抑或是设计师迎合制造商，都是单边力量，在单边的力量模式中，个人之间和群体之间会自然的、不可避免地形成不平等关系，进一步造成隔阂和疏远。多边关系追求的是一种互利共生的关系，而不是相互排斥或竞争性的关系。“真正的善，他的作用并非是要行使控制性的或支配性的影响。真正的善是从深度的相互关系中产生的必然结果。”②

工业设计所创造和协调的关系，在不同价值主体间主要表现为三种方式：生态关系、生产关系和伦理关系。生态关系表现为产品再生产、使用，用户价值、企业价值与自然环境之间的关系。生产关系表现为在生产和产品的整个生命周期中不同利益体（如设计师、营销、OEM、品牌等）之间的经济关系。伦理关系表现为产品在使用和消费过程中，以产品为媒介所引起的人与人之间的关系，如激发的情感、感受的关爱等。设计师不仅应该考虑产品的生产环节，还需要考察产品的使用和服务环节，工业设计师最大的挑战之一是必须融合这两个截然不同环节各自差异化的文化、约束和要求③，工业设计的价值很多时候就是通过生产环节和使用与服务环节之间的协同来创造的。

---

① 吴志军，尹建国，等.产品广义交互设计的内涵及其价值转向[J].湖南科技大学学报(社会科学版)，2014（6）：171-176.

② 罗伯特·梅斯勒.过程-关系哲学：浅释怀特海[M].周邦宪，译.贵阳：贵州人民出版社，2009：72.

③ 约翰·赫斯科特，克莱夫·狄诺特，苏珊·博慈泰佩.设计与价值创造[M].尹航，张黎，译.南京：江苏凤凰美术出版社，2018：157-158.

2.工业设计价值的维度

从经济学的角度看，衡量企业是否创造了价值主要有两个标准，第一个标准是能开发出市场接受的新产品和服务，即为客户为市场为社会创造了价值。第二个标准是能用更低的成本，从而以更低的价格向市场提供产品和服务。企业只有形成别人难以模仿的产品、服务或者商业模式的优势，才能建立自身独特的竞争优势和核心竞争力。利用核心竞争力去创造价值，才能可持续的创造高价值。工业设计的根本目的是创造价值，是通过支持全产业链创新实现价值的创造。然而，企业处于不同的产业链环节，工业设计具有不同的价值创造方式，主要有制造产品差异、重新定义产品、探寻和明确产品发展趋势、构建可持续的创新服务系统四种方式①，如图3-4所示。

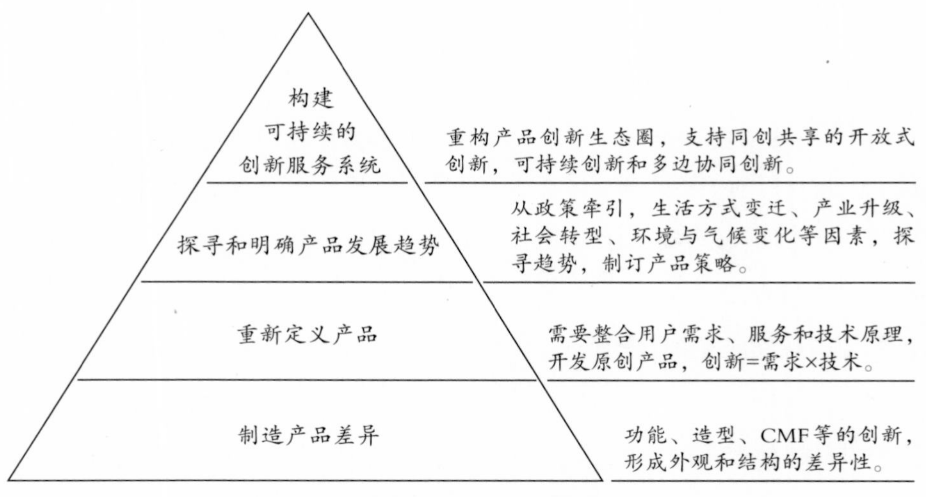

图3-4 企业中工业设计的价值维度

（1）制造产品差异

产品通过工业设计，进行功能、造型、CMF等的创新，使其区别于其他

① 吴志军，阮子才玉，杨元，邝思雅.产业转型背景下制造业中的工业设计价值与服务[C].中国设计理论与社会变迁学术研讨会——第三届中国设计理论暨第三届全国“中国工匠”培育高峰论坛论文集，2019（6）：175-185.

品牌的同类竞争产品，塑造产品差异性。通过外观和结构的差异性与个性化，提升产品的附加值和市场竞争力，这是传统狭义工业设计服务的基本内容。传统工业设计的基本逻辑主要基于市场研究和竞品分析，从已有产品出发，开发新产品。市场研究的主要目的是洞察市场需求，识别、定义、细分市场机会，制订、优化设计策略和营销组合。

（2）重新定义产品

当前的设计强调以用户为中心，以市场为导向。重新定义产品，需要整合用户需求、服务和技术原理，探索产品的本质，从源头上进行创新，开发市场引领性的原创产品。这种设计服务模式区别于聚焦外观或结构的传统工业设计，更加聚焦于设计的基础研究，即用户研究和产品/技术原理研究，在此基础上洞察产品机会、重构产品的行为逻辑和技术逻辑。

（3）探寻和明确产品发展趋势

随着新科技革命的兴起、全球智慧科技进展和体验经济的发展，人们日益增长的美好生活需要正在转向多元化。顺应社会或市场发展趋势，充分考虑政策牵引、消费与生活方式变迁、产业升级、社会转型、技术革命、环境与气候变化等因素，探寻和明确产品发展趋势，制订产品策略，跨界开发原创产品，驱动和引领行业转型升级，是工业设计的重要价值。同时，探寻和明确产品发展趋势要求设计师具有对行业领域长期的专注和积累，具有理解宏观政策和社会发展、洞察未来发展趋势、跨界整合创新的能力。例如，垃圾分类处理关系广大人民群众生活环境，关系资源节约使用，也是社会文明水平的一个重要体现。“2019年起，全国地级及以上城市全面启动生活垃圾分类工作，到2020年底46个重点城市将基本建成垃圾分类处理系统，2025年底前全国地级及以上城市将基本建成垃圾分类处理系统”。这是我国垃圾处理这一困扰城市顽疾的宏观发展规划，可回收再利用的家用垃圾处理机正是这一背景和规划下的产品新趋势。

（4）构建可持续的创新服务系统

为了促进传统制造业的转型升级和新兴制造业的发展，工业设计的价值还体现在为企业构建可持续的产品创新服务系统。实现“产业设计与创新”的关键是通过设计模式、组织结构、商业模式、服务模式与分享机制的创新，重新规划和构建制造业产业价值链与产品创新体制。中国目前既有体量较大、创新体系比较完整的制造业企业，还有众多（占经济总量60%以上）的“发展中制造业”，发展中制造业更需要通过可持续的设计创新和服务体系的建立，确保产品线（不仅仅是单件产品）的系统创新，来实现市场竞争力的持续提升和产业转型。例如，海尔通过构建“以用户体验为核心的组织生态圈，实现体验无缝化、员工创客化、无边界组织”等企业内外同创共享的开放式创新体系来支持产品与服务的可持续创新[①]。

3.3 工业设计教育范式的重构

1.超学科的特点

职业设计教育从包豪斯发展至今，学科交叉一直是其重要话题。当前，工业设计已经从应用艺术发展成与技术、艺术、社会学、心理学、商学、行为学等多个学科紧密关联的交叉学科。随着新科技革命的深入推进，新的设计问题、新兴的设计领域和设计手段、方法等，不断扩展设计学科的范畴和特征。支持工业设计解决社会、产业、经济甚至组织问题的知识及其性质具有显著的、不断增长的不确定性，解决问题的过程中需要大量关注问题的利益相关者并与之协作，具有显著的超学科特征。

超学科（Trans-disciplinarily）最早于20世纪70年代由埃里克·詹奇（Erich Jantch）提出，他认为政府、业界和大学三方要在更大的社会范围内进行多方利益主体协作的知识生产和创新。超学科是一种跳出纯粹的学术围

① 曹仰锋.海尔转型：人人都是CEO[M].北京：中信出版社，2017.

墙，站在经济社会发展的整体高度，通过对学科知识与社会实践、个体认知实践的整合，构建集大学、产业、政府与社会公众于一体的创新生态系统，以全面的知识再创新来解决产业和经济社会中的复杂问题。超学科与跨学科存在本质上的区别[①]：（1）超学科的最终目标是解决产业、社会实践问题，而非实现学科理论的创新。（2）超学科知识生产主体不仅来自高校、科研院所等学术组织，而且还有来自政府、企业、社会等组织。超学科需要产业、社会中利益相关者等多元主体介入，并不局限于学术共同体内或学术共同体之间的学术工作者。（3）超学科关注的知识不仅是“学科之间的，跨不同学科的”，还包括“超越所有学科之外的”多元知识。（4）超学科知识生产过程的开放程度更高，不但打破学科边界，还打破了组织边界。（5）超学科推动学科知识与社会实践和认知实践等多元知识的整合，实现知识体系的重构、全面整合和再创新，以此来解决复杂的社会问题。

工业设计以解决产业和社会发展的战略性问题为目标，知识生产的复杂程度高，具有典型的超学科特征。工业设计的知识生产过程包括问题的发现与定义、解决方案的形成、方案实施、生产制造、营销服务等系统化过程。同时，在这个复杂过程中，各个环节本身又涉及没有严格学术等级之分的超学科多元主体（如设计师、工程师、销售与服务人员、用户等）的分工与协作，多元知识的整合与再创新。知识生产的业绩评价不但依赖同行，还需要接受包括社会公众（用户等）在内的多方利益相关者的评价和问责。

2.工业设计“教育链—产业链”的协同演进

从包豪斯开始，与产业模式和社会经济的深度协同与融合是现代设计教育蓬勃发展和成功的基本逻辑。职业设计教育从包豪斯发展至今，主要经历了“应用艺术”和“应用科学”两大范式。“应用艺术”重视作坊式的手工艺实践与“直觉”训练，适合农业时代手工生产和工业时代初期的需要。

① 王晓玲，张德祥.试论学科知识生产的三种模式[J].复旦教育论坛，2020（2）：12-17.

“应用科学”重视设计中的科学知识运用与科学方法训练，适合标准化批量化生产和大规模定制生产的需要。随着新科技革命和设计产业变革的深度推进，设计创新竞争日趋激烈，创新知识不仅需要科学技术领域的学科交叉，更需要社会文化、市场研究、生活方式等人文社会科学领域的知识融合，设计知识需求图谱明显拓展，设计创新的素质和能力要求也显著提升，工业设计专业急需通过教育范式的转型升级，应对创新设计实践的需要和挑战[①]。

新一轮科技和产业革命不再是单纯的技术创新，其显著特征是催化了多领域高新技术的深度交叉融合和平台经济的高速发展，以及技术创新与商业模式创新的叠加融合。同时，人们的生活方式、价值取向、消费需求和产业形态都发生了巨大变化。技术、社会和产业的快速变革与叠加融合，正在从根本上重塑工业设计教育：设计教育必须面向未来产业和社会经济需求，培养能够满足新科技革命需求、引领传统产业转型升级、驱动新兴产业发展的创新创业型设计人才。工业设计与创新创业的基本思想是相通的，都是一种能够把想法变为行动的素养和能力。这就需要设计教育从战略角度探索和选择范式转型，从应用艺术和应用科学向整合与创造知识的融合创新转型。通过转型实现设计教育发展范式与科学技术及经济社会发展范式的统一，适应个性化生产模式、平台化商业模式和设计驱动的创新模式需求。

工业设计教育通过融合创新（而不是传统的增量创新）实现创新创业人才的培养，就需要：（1）以覆盖整个产业价值链、凸显价值链高端的跨学科知识体系为目标，应对跨学科知识整合和创新经济的需求。（2）强调创新的全球性和创业的本土性。不利用全球资源就无法实现真正的创新，也难以培养学生真正的跨学科思维和国际化视野。不扎根本土产业，不充分利用区域优势资源，不针对本地产业实际和社会经济的真实需求，创新创业将缺乏服务支持系统和价值实现场景，也难以培养学生发现和整合资源解决社会生活

① 林建华.工程教育的三种模式[J].中国高教研究，2021（7）：15-19.

与区域产业中真实问题的能力。

3.工业设计教育的超学科发展范式与跨学科融合原型

教育发展的历史主要经历了三种范式，即科学主义范式、生活体验论、能力本位论[①]。科学主义范式认为教育的最终目的就是“求真”，主要聚焦于知识传授。生活体验论认为教育在本质上应该是一种培养人的主体性生活经验和对生活与生存意义的探索，主张“教育即生活教育应该回归生活”。能力本位论认为教育不仅仅要遵循知识逻辑和生活经验，更应该体现国家、社会、市场的需求，教育不只是“求真”“求美”或者“求善”，更应该融合“知识—生活—能力”，达到“求用”的效果。教育的本质是“培养促进社会发展的人才，是提高每个人的生命质量、提升生命价值的重要途径”[②]。大学教育不再是纯粹的知识或技能教育，也不是单纯的生活教育，而是要结合时代背景，融合知识、生活、能力于一体的教育[③]。

在新科技革命背景下，随着人工智能、物联网、大数据等技术的快速发展，工业设计面临的复杂问题越来越普遍，设计师面临的设计问题往往是“开放的、复杂的、动态的和网络化的”，如产业快速扩张中的环境问题、城市扩张中的交通拥堵问题、物质条件丰富过程中的健康与心理焦虑问题等，很难通过传统解决问题的策略去解决。设计学科在发展的过程中，与产业及经济社会问题的边界日益模糊，单一设计学科或设计学与其他学科整合下的跨学科方式也难以解决复杂化的产业和社会经济问题[④]，这就导致工业设计逐渐超越了传统的应用艺术或应用科学的学科范式，向与产业、政府、经济社会的深度融合转变。在新的设计定义和价值基础上，工业设计教育坚持“学术导向”与“问题导向”相结合，学科知识生产与产业、经济社会需求

① 赵春雷.教育范式的逻辑嬗变及其当代反思[J].江苏高教，2013（5）：23-25.
② 教育部课题组.深入学习习近平关于教育的重要论述[M].北京：人民出版社，2019:18.
③ 李茂国，朱正伟.工程教育范式：从回归工程走向融合创新[J].中国高教研究，2017（6）：30-36.
④ 罗仕鉴.罗仕鉴：超学科，超设计[J].设计，2021（20）：66-69.

紧密结合，超越了学科界限，进入以产业和经济社会问题为导向、基于“四重螺旋”模型（大学—产业—政府—社会公众）的“超学科”范式（图3-5）。在超学科范式下，工业设计教育以跨学科为主线，通过科学研究、产业与社会服务等形式，开展超学科知识生产、整合、重构和应用，协同开展人才培养。

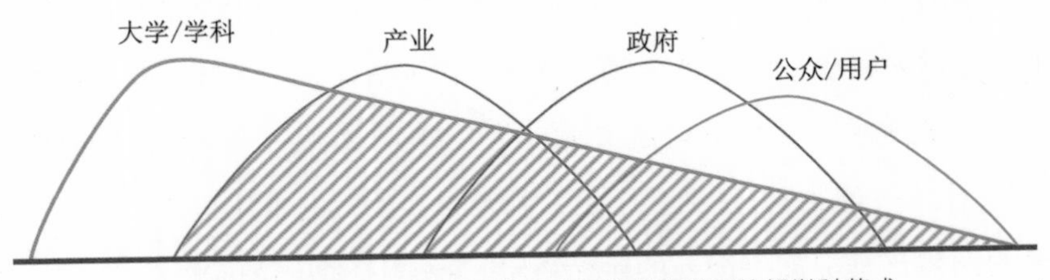

图3-5 基于“四重螺旋”模型的工业设计教育发展的超学科范式

工业设计教育发展的超学科范式具有如下四个特征：(1) 明确了为产业和经济社会发展负责任的设计伦理观。在实现多边利益体共同创造价值、共同传递价值、共同分享价值的新型产业与经济模式下，工业设计教育应该培养学生正确的设计伦理观和设计价值创造能力。(2)“超学科”不是彻底地超越设计学科，而是代表着一种高层次的设计学与其他学科之间、设计学与非学科之间的交叉和融合，是跨学科学者之间、学科内学者与学科外利益相关者之间的协同与合作，具有显著的系统性、协同性和去中心化特征。(3) 工业设计教育的本质在于以复杂实践问题为导向，依托产品、系统、服务、体验等载体，通过创新来重构多边利益相关方协同的价值网络，促进商业成功和为社会公众提供高质量的生活。(4) 超学科范式突出以“价值创造”为目的教育体系构建，突破了以“学科知识”或“操作技能”构建专业教育体系的传统范式，强调充分利用开放式资源，实现知识传授、知识生产、知识整合、知识应用相互叠加，协同推进的教育教学生态系统。

在超学科范式的学科内，工业设计教育需要融合科学技术、人文艺术、商学管理等多个学科群的知识和技能，以设计思维为驱动，以融合创新为特征，以价值创造为输出，实现设计教育发展范式与科学技术及经济社会发展范式的协同（图3-6）。正如弗里德曼（Friedman）所指出，今天的专业设计实践涉及先进的多学科知识，这是跨学科合作和设计教育变革的根本前提。这种跨学科融合的知识不仅仅是更高层次的专业教育和实践，还是一种性质不同的专业实践形式，它是为响应新科技革命和知识经济社会的需要而出现的。

图3-6 跨学科融合的工业设计教育原型

在新的跨学科融合的工业设计教育模型中，需要聚焦培养学生在开放式创新环境中围绕产业链，融合艺术、文化、技术、商业、服务等设计创新链中的各创新要素开展设计活动，并通过输出新产品或新服务创造价值，对产业、经济社会、环境及伦理等方面的问题或发展愿景做出回应。大学需要面向新的设计对象，通过多种形式的教学活动，帮助学生建构个性化的跨学科知识系统，锤炼综合性的融合创新设计能力和价值创造能力。而对于领域设计知识（独特行业的专门知识和技能），需要通过与产业或社会的合作协同创造知识和开发课程，在真实项目导向的教学活动中根据实际需要持续建构和应用。在教学活动中，为了凸显价值创造的输出目标，设计项目应该提供面向全产业链协同的更加系统的设计策略和方案，从单个产品设计转向面向产业生态链的开放式协同创新，这种创新既包含协同生产制造过程的创新，也包含产品营销和服务模式的创新。

4.新工业设计教育原型的显著特征

新的工业教育范式确立了“以设计思维为驱动，以融合创新为特征，以价值创造为输出”的跨学科融合的工业设计教育原型，原型中有四个关键词，即融合、创新、设计思维和价值创造。对于设计思维和创新能力的培养，将在第五章中讨论；而突出融合和强调价值创造是新的工业设计教育原型的显著特征[①]。

（1）突出以融合为手段

①设计教育与消费升级和产业需求的融合

2019年工业和信息化部等十三部门印发的“制造业设计能力提升专项行动计划（2019—2022年）”中指出：“要构建跨学科融合的设计高等教育体系，聚焦制造业培养交叉型、复合型设计人才”。工业设计教育急需从侧重于培养“形态结构创新”、“灵感创意”、“绘图技能”型人才，转向培养跨学科融合的综合性创新设计人才，这就需要大力推进科教融合、产教融合、校企结合、校地结合，培养的专业人才需要支撑和引领人民美好生活的创造和制造业的转型升级。

消费文化和生产体系是工业设计的土壤，消费结构和制造业的产业范式决定着工业设计的范式，工业设计教育需要树立“产业需求=教育机会”的理念[②]。设计教育只有与生活和产业紧密对接，才能对设计将要发生的情境进行预判、建构和表达，才能促进设计方案的形成和设计目标的实现。从消

① 吴志军，杨元，黄莹.基于融合创新范式的工业设计人才培养模式[J].设计，2021（24）：104-106.

② Cara Wrigley. Design Innovation Catalysts: Education and Impact [J]. Sheji, The Journal of Design, Economics, and Innovation, 2016(2)：148-165.

费维度来看，中国具有巨大的人口基数，并逐渐对高品质美好生活提出了更高的需求；在消费升级的同时也重塑了新零售、新营销、新媒体等线上线下多元化的商业渠道。在生产制造维度，中国制造正面临着转型升级和高质量发展，从代工生产向自主品牌转型。如何有效连接和融合消费需求与生产制造，形成商业转化并驱动产业升级，是工业设计产业发展的关键问题。与消费需求和产业转型融合，培养综合性工业设计人才，正是解决这一问题的关键。

②设计教育链与设计服务链的融合

从本质上来看，工业设计是通过发现和解构问题来洞察商业机会，通过将需求、创意、技术、供应链、生产、营销、服务等进行整合来提出解决方案，提供新的价值与竞争优势。工业设计已经超越了单纯的外观设计、结构设计或界面设计，提供产业链全流程协同创新的打包服务是设计业务发展的新模式。新的教育范式需要围绕工业设计服务链构建工业设计教育链，通过整合跨学科的教学内容，促进工业设计与材料、工艺、制造、供应链、营销、管理、服务等跨领域知识与技能的深度融合。通过跨学科之间开放性的学习，培养学生从多维度视角审视和解构复杂设计问题，运用设计思维与设计逻辑进行重构、组合和集成创新的能力，以及在复杂设计项目中的团队协作和协同创新能力。

随着人工智能和物联网时代的到来，产品正在从“物质产品”向“硬件+软件+商业模式+服务”演化和扩展，工业设计的服务领域也不仅仅局限于批量化生产的实体产品。产品设计、界面设计、交互设计、体验设计之间的边界越来越模糊，在解决复杂设计问题的过程中，相互之间呈现出深度的交叉和融合，符号、功能、行为、场景和服务之间的融合与创新都是工业设计教育的核心内容。

③设计知识、能力、素质的有机融合

新的设计教育范式，需要支持知识、能力、素质的有机融合。知识可以广泛地理解为通过学习获得的信息、理解、技能、价值观和态度[①]。设计知识以设计问题为起点，解决方案为结果，与目标、结构、模型和论证四个要素有关。设计是目标导向下的问题求解活动，结构解释不同产品的属性（如材料、形态等），模型说明事物的运作方式，论证解释设计采用的方案和原理[②]。工业设计项目越来越复杂，需要的知识远远超过了个体设计师的前期经验和积累。通过设计团队及其与用户、供应商、商业伙伴等之间的多边协作，在设计情境中不断发现、交流、分享、共建、整合和应用知识是解决复杂设计问题的重要方式。

聚焦个体知识和技能培养的教学模式难以满足融合创新的需要，设计学习既是个人行为，也是集体协作，需要彼此讨论、相互交流、共享信息、协同创造。在设计项目学习和实践的过程中，需要以设计任务为驱动，培养学生在开放的环境中通过协作自主获取、迁移、构建、整合和运用跨学科知识的技能。这些技能不仅包括认知技能，还包括“非认知技能”，如观察、发问、交流、团队合作、社交等[③]。同时，在教学活动中需要逐步引导学生养成自我认识、自我发展、自我完善、自我管理的思维范式，塑造和锤炼乐观包容的生活态度、严谨求实的科学品格、创新创业的工匠精神和社会服务责任。

（2）强调以价值创造为输出

工业设计是价值驱动的，其本质目的是价值增值和价值创新。价值链是

---

① 联合国教科文组织.反思教育：向“全球共同利益”的理念转变[M].联合国教科文组织中文科，译.北京：教育科学出版社，2017：8-9.

② 胡飞，张曦，沈希鹏.论设计知识的跨学科集成路径[J].室内设计与装修，2016（11）：136-137.

③ 杰夫·戴尔，赫尔·葛瑞格森，克莱顿·克里斯坦森.创新者的基因　珍藏版[M].曾佳宁，译.北京：中信出版社，2020.

分析产品在商业社会中价值生成机制的工具，工业设计教育需要根据新科技革命背景下产业价值链的特征，围绕产业链构建设计创新链，围绕设计创新链构建设计知识链。在教学过程中，需要培养学生的价值创造意识和能力，价值创造能力突出体现在全产业链创新能力和跨界协同创新能力。

用户是价值创造的出发点和归属点，在工业设计实践教学中，要树立“好设计=好生意+好生活”的价值创造意识，设计作品如果不能创造价值，也就失去了设计的意义。设计师不仅要考虑消费者利益，还需要考虑制造商、供应商等利益相关者在成本控制、市场推广、产品服务等方面的问题。一个成功设计的核心不是界定产品的功能，而是聚焦于创造价值的系统，与各利益方共同创造和分享价值，这就需要培养学生协同全产业链创新的能力。

在传统工业设计人才培养过程中，对“创新点”的过度关注，造成了创新链断裂和“创新孤岛”现象突出，创新效益和价值被严重制约，设计作品和设计专利的产业转化率极低。产业转型与创新的本质是产业价值链的延伸、重构和整合，从设计创新点到全产业链创新的转变，正是工业设计教育从聚焦产品创新向协同产业创新的转变，也是从聚焦价值点到聚焦价值链和价值生态系统的转变。同时，随着经济全球化、制造业分散协同化与服务化时代的到来，价值链在全球分布呈离散状态，产品趋向模块化，培养学生在开放式创新环境下的跨界创新思维和协同创新能力变得至关重要。与不同领域人员组成互补的协同设计团队，开发设计跨界的突破性产品，是培养学生跨界协同创新能力的关键。

第四章

工业设计教学系统的重构

第一节　教学系统重构的目标与原则

1.1教学系统的目标

在新科技革命背景下，新的工业设计教学系统，需要支持知识、能力、素质、情感和价值观的有机融合。大学的教学系统，不仅需要向学生传授相关领域的知识或技能，还需要培养他们的学习和思考能力，帮助他们养成良好的思维和学习习惯，正如古希腊哲学家亚里士多德的名言："每天反复做的事情造就了我们，然后你会发现，优秀不是一种行为，而是一种习惯。"通常认为，传统的本科教育教学有三个基本目标[①]：一是让学生具备走上工作岗位的能力。针对专业和职业领域，向学生传授有用的知识和技能。开展人文教育，培养他们的性格和品质，使他们能够满足各种岗位的需要。二是将学生培养成为文明人，具有高尚的情操和社会责任感，能够积极参与产业、社会和社区事务。三是培养学生广泛的兴趣，让他们具备深度思考和自知的能力，使他们的生活充实又幸福。

为了达到教育目标，传统的课程设置都包含着三个部分：专业课、选修课和通识课。专业课为学生从事某一职业或研究某一学科做好知识和能力准

① 德里克·博克.大学的未来：美国高等教育启示录[M].曲强，译.北京：中国人民大学出版社，2017：159.

备。选修课使多样化的学生群体有机会探索个人兴趣，为创业做好准备。通识课扩宽学生的知识面，培养文明公民，启发学生的兴趣，也包括提高学生各方面竞争力的课程。如具备基本的定量分析能力、对多元文化的包容能力、更有效的写作和沟通交流能力等。

随着大学范式从教学型和科研型向创新创业型的转型，高校工业设计专业培养创新创业人才需要什么样的目标？借鉴美国心理学家麦克利兰（Mc-clelland）1973年提出的冰山模型[①]，参考2021年腾讯用户研究与体验设计部（腾讯CDC）和UI中国联合发布的《2021年中国用户体验行业互联网新兴设计人才白皮书》，工业设计人才的培养目标可以分为三个部分：专业能力、通用能力和核心能力，如图4-1所示。

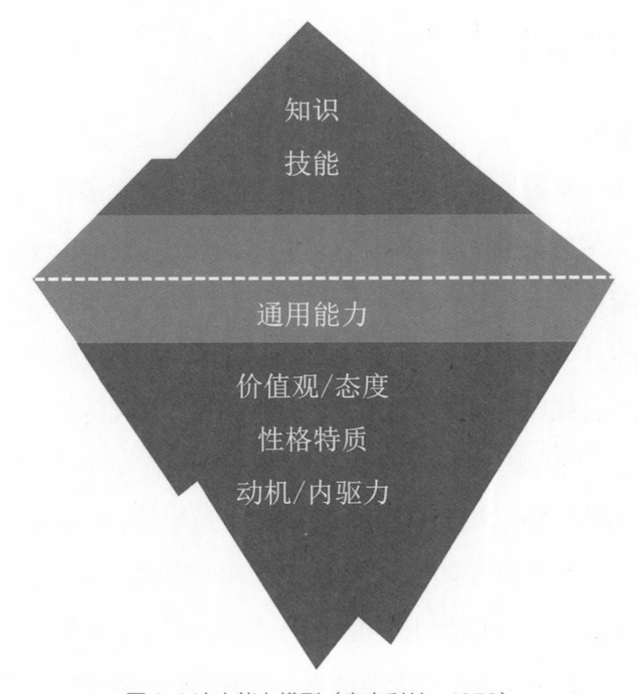

图4-1 冰山能力模型（麦克利兰，1973）

① 刘有升，陈笃彬．冰山模型视角下高校创新创业人才素质研究——基于福建省的实证分析[J].电子科技大学学报（社会科学版），2014（4）：70-74.

1.专业能力

专业能力漂浮在海平面上，由显性的专业知识和专业技能组成，属于特定的岗位能力，与岗位或角色相关。专业能力是外在表现，容易了解和测量，也较容易通过培训或训练来改变和发展。

知识通常指个人在某一特定领域拥有的事实型与经验型信息；技能一般指个体结构化地运用知识完成某项具体工作的能力，即对某一特定领域所需技术与知识的掌握情况。在工业设计专业工作中，除了应该具备良好的产品造型、CMF等与视觉和体验相关的设计知识和技能外，还需要具备产品生产制造、用户研究与问题定义、数据分析（透过数据洞察产品和市场趋势与机会）、技术趋势分析与跨界技术整合、市场趋势与竞品分析、产品定义与场景构建、产品运营与商业分析、设计评价、设计战略与设计管理等方面的知识和技术能力。

2.通用能力

通用能力处于海平面，具有通用性和综合性特征，能够在不同工作岗位或领域迁移，适用于工作中的多个岗位或角色。通用能力需要经过参与团队在设计实践项目中训练才能获取。

在工业设计专业工作中，通用能力涉及高效沟通与协同设计、统筹规划与团队管理、目标导向与过程管理、项目管理与进度（时间）控制、逻辑思维与条理性、想象力与创新、定义问题与解决问题、理解与洞察客户需求、独立策划与承担项目、批判性思维、信息的准确性与可靠性鉴别、高效写作、有效的口头交流和书面沟通、多元文化和全球化的理解与适应、道德问题的理解和敏感性等方面的知识和技能。在新科技革命背景下，大部分企业强调的不仅仅是加强工业设计专业的职业技能培训，还包括培养学生在经济社会和产业变革过程中适应多种工作岗位的通用能力。

3.核心能力

核心能力位于冰山在海平面下部的深处，不容易因外界的影响而改变，难以觉察，是人内在的、难以测量的部分，但却更为关键。核心能力体现出人的基本素质，如价值观和态度、性格特质、动机与内驱力等。

在工业设计专业工作中，核心能力涉及有效的团队组织与合作、领导力与责任心、深度思考与勤于探索、进取心与主动学习、认真负责、抗压能力与自信力、阳光乐观与热情开朗、品行端正、多元文化及差异性观念的包容、幸福感、政治与社会事务的参与度等。

调查显示[①]，影响学生成长和发展的许多核心能力不是来源于课堂，而是来自于专业实践和课外活动。“一般学生都认为，他们所学知识的65%来自课外或课程相关活动，只有35%来自课堂。”如参与政治和社会服务事务，更多是在课外的社团组织。而通过产业或社会设计实践项目，与来自于不同背景、学科或企业的管理者、工程师、设计师、市场人员、供应商、用户等协同设计和学习，有助于学生更深刻地理解文化、价值和学科的多元化与差异性，提升他们的组织能力、沟通交流能力和自信心，也会促使他们变得更加阳光乐观、开放与包容。同时，调查还显示，撰写大四毕业论文是对绝大多数学生学会深度思考、提高写作与报告撰写能力帮助最多的。幸福是一种有意义的快乐[②]，在急剧变化的不确定性时代，培养学生积极的幸福体验，避免学生过多追求简单的即时快乐（典型的有多样化的娱乐活动）或对前途陷入迷茫（典型的有精神抑郁），显得尤其急迫。近年来，各种娱乐方式过多吸引了大学生的注意力，导致原本是大学主要内容的专业学习和学术项目

---

① 德里克·博克.大学的未来：美国高等教育启示录[M].曲强，译.北京：中国人民大学出版社，2017：169.

② 米泽创.项目管理式生活[M].袁小雅，译.北京：北京联合出版公司，2019：49.

在课外日趋边缘化，学生用在学习上的时间越来越少。调查显示①，有近20%的本科生，每周课外花在学习上的时间不到5小时；很大部分本科生平均每周用于学习的时间甚至还不到花在娱乐和社交活动时间的1/3。用在学习上的时间变少，严重影响了对批判性思维、写作能力、深度思考能力等重要能力的培养。

1.2 教学内容设置的原则

1.教学内容是动态发展的

工业设计作为一种应用性突出的专业，其教学内容的设置与产业、经济社会的发展需求紧密相关。新科技革命驱动产业和经济社会快速变革，工业设计的教学内容动态发展和不断创新。正如弗里德曼（Friedman）所言："大学应该尝试着以更快、更加频繁的速度调整课程设置和课程内容，以便与社会变化的速度保持一致"。

为了应对今天和未来产业与经济社会的复杂性，就需要教师对课程体系和课程知识进行不断建构，以提供动态化的教学内容。跨学科、超学科的知识生产在课程内容建设过程中至关重要，高校教师需要以解决复杂的产业和社会经济问题为导向，打破学科专业界限，构建与政府、企业、社会组织、社会公众等多元主体协同的创新生态系统，持续推动学科专业知识与社会实践智慧等多元知识的迁移、重构、整合与再创造②。例如，在工业设计的课程体系中，根据社会发展的趋势和刚性需求，可以开设"健康设计"课程；根据产业变革和工作岗位的需要，可以开设"设计管理"课程；显然，"健康设计"和"设计管理"课程的内容都需要融合跨学科知识、社会与产业发展背景、相关产品服务的技术与标准、应用场景与典型案例知识等。而对于

① 凯文·凯里.大学的终结：泛在大学与高等教育革命[M].朱志勇，韩倩，等，译.北京：人民邮电出版社，2017：174.

② 王晓玲，张德祥.试论学科知识生产的三种模式[J].复旦教育论坛，2020（2）：12-17.

传统的基础技能课程“设计表达”等，其教学内容需要应对“设计对象”和“设计过程”的变化而动态调整，传统的设计对象以机电等硬件产品为主，表达的对象以静态的、孤立的草图和效果图为主；今天的产品多数都融入了智能技术、交互技术和服务内容生产等，设计方案除需要表达硬件产品外，还需要表达场景、交互过程与服务流程等动态内容。而随着超学科协同设计过程的强化，表达的内容不仅涉及静态产品的效果与使用服务流程，还有系统内部的技术模块、工作原理及运行逻辑等。

2.教学内容应该与未来工作和生活产生联系

今天的社会需要大量具有创造性思维、批判性思维和适应性能力的人才，高等教育除了关注专业知识与技能外，还应该强化社会智力、策略性思考、组织和管理等技能，使学生以后能在复杂的社会中得心应手，并做出关乎自己人生及社会贡献的关键决定[①]。正如小米公司提出的“用户觉得聪明的产品才是好产品，产品的价值要让用户感知到”[②]，教学内容也必须有“可感知的强价值点”，增强学生对“学习意义”的体验。正如美国实用主义教育家杜威（John Dewey）的观点，“学习应该与学生的需要和兴趣相联系”。传统教育体系过于重视对知识的传播与传承，如果大量时间被浪费在未来派不上用场的教学内容上，会严重影响学生的学习动机、热情和收获。可感知的强价值点有两个内涵，一个是“强价值”，另一个是“可感知”。“强价值”就是要让学生印象深刻，超出预期、无法忘记的价值点。比如某一门产品设计课程的作业输出成果，可以作为考研或出国深造面试的代表性作品，或者作为到企业寻找设计实习机会的代表作，那么这门课程的学习就具备强价值。“可感知”就是要让学生体验到，所学的内容在未来的工作或

① 阿兰·柯林斯.什么值得教？技术时代重新思考课程[M].陈家刚，译.上海：华东师范大学出版社，2020：4-5.

② 高雄勇.我在小米做爆品：让用户觉得聪明的产品才是好产品[M].北京：中信出版社，2020：232.

生活中都有实实在在的用途，从而使他们有更强的学习动机。为了突出“可感知的强价值点”，教学内容就需要与现实社会生活或产业需求密切相关，大大缩短“学”与“用”之间的距离[①]，加强教育教学与设计实践工作之间的联系，使教学过程中的知识和创意成为推动产业和经济社会发展的力量。教育教学的价值不是由老师确定的，而应该由促进学生的发展和社会的需求来定义，教育一直以来都应该是为社会的需求提供服务[②]。

在人际关系弱化、学习价值观被稀释的互联网时代，学校更应该加强对学生学习和专业信念的培养，班级组织中的成员共享高质量的学习和专业信念能让个体重获学习的价值感，更主动地参与学习和实践，从而形成主动学习的氛围与网络。随着经济社会变革速度的加快，年轻人需要学会应对新颖的、不可预测的和充满变化的生活与工作方式。以产业和经济社会发展中的实际问题为导向开展教学，在解决问题的过程中可以加深学生对于概念、思维和信息的理解与应用[③]。一方面，加强学生将普遍性的专业理论与技能迁移与整合应用到产业和经济社会真实问题的情境中，突出职业岗位导向的实践与应用能力培养。另一方面，以今天产业、经济社会和生活中的复杂问题为导向，有助于培养学生的探索精神、批判性思维、情景适应能力、策略性思考、组织和管理能力、包容性精神等核心能力与素质，为学生在应对未来复杂社会中的生活与工作挑战做好准备。

3.教学内容需要满足学生的个性化选择、重构和发展

尊重学生兴趣的课程设计才能最大限度地促进学生的深刻学习。新科技革命不仅能为用户带来“消费革命”，还会带来学习方式的“价值革命”，物

① 杨剑飞.“互联网+教育”：新学习革命[M].北京：知识产权出版社，2016：187.

② 约瑟夫·E.奥恩.教育的未来：人工智能时代的教育变革[M].李海燕，王秦辉，译.北京：机械工业出版社，2019.

③ 凯文·凯里.大学的终结：泛在大学与高等教育革命[M].朱志勇，韩倩，等，译.北京：人民邮电出版社，2017：69.

联网是去中心化的，每个人都是学习的主体，需求是个性化的；每个人都有价值，都希望选择自己期待的、适合自身学习心理和学习习惯的内容，都是教学内容的创造者和分享者，都可以充分发挥自身的想象力和潜力。

正如戴维·温伯格（David Weinberger）所言："我们过去知道如何去了解各种事情。我们从书籍和专家那里得到答案。我们甚至有关于各种事情的准则。但在互联网时代，知识已经转移到了网络，知识比以往更加丰富。各种主题没有边界，人们很难对任何事情达成统一的意见。"[①]教学也是一样，要想为所有学生提供一套统一深受大家喜欢的标准的教学内容，是非常困难的。在数字化时代，为学生提供多大程度上的多样性学习内容，以供不同背景、基础和价值观的学生选择与重构，是教育需要准备迎接的挑战。

互联网对大学的研究活动、研究资源和教学资源的展示与共享产生了直接而深远的影响，为今天的工业设计教学提供了海量的跨学科知识、典型案例和相关信息。但是，知识和教育是两回事，知识可以用符号表示、存储、复制和传播，互联网使得这一过程变得更廉价；教育不仅仅是知识的分享，它包括与教学设计者之间进行的可持续的、有组织的、面对面的生动的互动[②]，以及在互动基础上的知识迁移、重构、整合、创新和应用。教学互动过程中，教师需要根据学生的个性和特质，为学生制订个性化的学习任务和目标。在以实际问题为导向的教学过程中，课程本身就是情境化的、教学本身是社交化的，教师的基本任务是创设情境，师生在平等的结构下展开探索和共同学习[③]。在这个过程中，不同的学习者由于其不同的自身经验、价值预判和思维方式，对问题的思考角度和所需要吸取的知识也不尽相同，知识整合与应用的深度和方式也不一样。显然，在学习和解决问题的过程中，不

① 戴维·温伯格.知识的边界[M].胡泳，高美，译.太原：山西人民出版社，2014.
② 凯文·凯里.大学的终结：泛在大学与高等教育革命[M].朱志勇，韩倩，等，译.北京：人民邮电出版社，2017：110-111.
③ 金姗姗，冯夏宇.在评估范式转向间发现高校课程转型方向[J].教育发展研究，2021（5）：53-60.

需要提供统一的知识或统一的标准，学生个体学习的目标和效果是在不断生成和个性化建构的，从而形成个性化的发展。

4.教学内容需要实现知识整体化

工业设计教育中的知识整体化是设计学科不断深化、交叉、融合演进，以及与政府、产业、经济社会等外部因素日趋广泛紧密结合的内在要求。随着互联网时代知识呈指数级增长，不可能将所有与工业设计相关的知识添加到课程学习中。传统课程中很多内容是以教师偏好的知识和技能为主，有的在教学中以牺牲内容的深度来过多增加内容的宽度，导致了知识的碎片化。随时随地学习、碎片式学习等正在成为主流，[①]如何将碎片化的多学科广博知识与创新设计实践建立广泛深度的联系，是工业设计教育对知识整体化的内在要求。

知识整体化的教育观主要区别于以学科为中心进行的知识分割性的教育观，最早起源于美国20世纪90年代中期本科课程改革。为了克服工程教育过度专业化产生的弊端，美国教育改革家、劳动和工业关系经济学家克拉克·克尔（Clark Kerr）等人提出了知识整体化教育思想[②]，主张建立起一种综合性的知识教育，构建课程体系中各个知识系统之间的内在联系，使专业教育中多学科的知识内容能够系统、连贯并整合为统一的知识体系，从而帮助学生形成更加连贯的知识观和更加综合的生活观[③]。

在数字化时代和创新创业导向的超学科范式背景下，工业设计教育需要通过教学内容的整体化，支持跨学科知识、设计实践能力、核心素质和价值观培养的深度结合，实现科技素养、数据素养、人文艺术素养的有机融合[④]。在设计教育改革的实践中，有两种典型的实现知识整体化的方法：（1）建构以“内

① 杨剑飞.“互联网+教育”：新学习革命[M].北京：知识产权出版社，2016：189.

② 克拉克·克尔.大学之用[M].高铦，高戈，等，译.北京：北京大学出版社，2019.

③ 刘坤，樊增广，李继怀，等.基于创新创业人才综合能力培养的知识整体化教育路径[J].现代教育管理，2018（3）：42-46.

④ 约瑟夫·E.奥恩.教育的未来：人工智能时代的教育变革[M].李海燕，王秦辉，译.北京：机械工业出版社，2019.

容叠加”为特色的知识整体化。通过教学内容的交叉、叠加和重构，实现设计学科基础理论与跨学科前沿进展的整体化、基础课与专业课间的知识整体化、工业设计专业知识与相关专业知识和人文艺术知识的整体化、课程教学与课外设计实践活动内容的整体化。要在既不增加学时又不增加学生学习负担的前提下，建构以“内容叠加”为特色、跨学科融合的知识整体化专业课程体系[①]。(2) 实施以“设计任务”为依托的知识整体化课程教学方法。在教学过程中，以设计任务为依托，依照项目任务设计学习内容，学生根据设计项目的需要，完成跨学科知识的搜索、迁移与整合应用。在完成设计任务的过程中，学生既完成了跨学科知识的学习和应用，实现了个性化的学习和知识建构，还培养了学生在开放式情境下自主探索、综合运用知识分析问题和解决问题的学习能力。正如古希腊哲学家亚里士多德所言，智慧不仅仅存在于知识之中，而且还存在于运用知识的实践能力中。“德”可以分为两种，一种是智慧的德，另一种是行为的德，前者是从学习中得来的，后者是从实践中得来的。真正的美德不可能没有实用的智慧，而设计实践也不可能缺少美德的价值引领，工业设计的超学科知识与设计实践应该高度地“集成化”和“整体化”。

第二节　工业设计知识的类别

2.1知识的本质

知识是专业教学中讨论的首要核心问题，可以理解为个人和社会解读经验的方法。从认识论的视角看，可以将知识广泛地理解为通过学习获得的信

① 刘坤，冯亮花，韩仁志.基于知识整体化课程改革的思索与策略[J].教育教学论坛，2016（9）：30-31.

息、理解、技能、价值观和态度；知识本身与创造及再生产知识的文化、社会、环境和体制背景等紧密相关[1]。

早在20世纪60年代初，“现代管理学之父”彼得·德鲁克（Peter F. Drucker）就已经提出，知识是知识经济社会的最基本的经济资源，知识工作者将发挥越来越重要的作用。在20世纪80年代，德鲁克提出“未来的典型企业以知识为基础，由各种各样的专家组成，这些专家根据同事、客户和上级提供的大量信息自主决策和自我管理”“大多数产品和服务的价值，主要取决于怎样才能开发出基于知识的无形资产”[2]。德鲁克进一步指出，在新经济时代，知识不仅是与传统生产要素（劳动力、资本和土地）并列的资源，还是当今唯一有意义的资源。知识已经成为最重要的资源，而不是一般的资源。

从学习者认知模式和用途来看，一般认为知识可以分解为“陈述性”知识和“程序性”知识。陈述性知识描述事实，程序性知识描述如何做事情、事情是如何进行的。从知识存在和呈现的方式来看，根据匈牙利哲学家卡尔·波兰尼（Karl Polanyi）的观点，人类的知识有两种：即隐性知识和显性知识。显性知识是能够用各种符号加以表述的知识，如文本、图表、公式等。隐性知识是高度个人化的知识，存在于个体中有特殊背景的知识，很难规范化和形式化，也不宜与他人交流或分享，如主观的洞见、直觉和预感等。隐性知识深深根植于个体的行动和经验，以及信奉的理想、价值观和情感中。在波兰尼看来，显性知识只是知识的冰山一角，隐性知识相对于显性知识具有理论上的优先性和重要性；隐性知识本质上是一种理解力，即领会

① 联合国教科文组织.反思教育：向“全球共同利益”的理念转变[M].联合国教科文组织中文科，译.北京：教育科学出版社，2017：8-9.

② 野中郁次郎，竹内弘高.创造知识的企业：领先企业持续创新的动力[M].吴庆海，译.北京：人民邮电出版社，2019：9.

经验、重组经验的能力。根据日本学者野中郁次郎的观点[①]，隐性知识可以分为两个维度：一是技术维度。包括非正式的、难以确切表达的具体技能、专门手艺，以及来源于个体实践的经验。二是认知维度。包括信仰与价值观、直觉、思维模式、心理图式等。隐性知识的认知维度反映了人们对现实世界的意象（是什么）和对未来的愿景（应该是什么）。虽然隐性知识具有模糊性和难以逻辑性地形式化表达，但它塑造了人们感知周围世界的方式。在任何领域和形式的创意设计实践中，隐性知识都是非常重要的因素，设计的直觉、技能和经验只有在不断的试错和实践中培育积累，并逐渐演变成内化的、整体化的且很难被理性分析的知识[②]。

2.2 工业设计的知识系统

工业设计研究主要探索设计师如何在可用性、制造、市场和文化等约束条件下创造产品，设计知识既涉及设计活动过程，又涉及设计活动的结果。考虑到工业设计以需求为原点的逻辑行程，设计活动是设计师的认知和行为过程，通常以设计问题为起点、解决方案为结果，与目标、结构、模型和论证四个要素有关。设计是目标导向下的问题求解活动，结构解释不同产品的属性（如功能、材料、形态等），模型说明事物的运作方式，论证解释设计采用的方案和技术原理[③]。工业设计项目越来越复杂，需要的知识远远超过了个体设计师的前期经验和积累。通过设计团队及其与用户、供应商、商业伙伴等之间的多边协作，在设计情境中不断发现、交流、分享、共建、整合和应用知识是解决复杂设计问题的重要方式。

---

① 野中郁次郎，竹内弘高.创造知识的企业：领先企业持续创新的动力[M].吴庆海，译.北京：人民邮电出版社，2019：9.

② 约翰·赫斯科特，克莱夫·狄诺特，苏珊·博慈泰佩.设计与价值创造[M].尹航，张黎，译.南京：江苏凤凰美术出版社，2018.

③ 胡飞，张曦，沈希鹏.论设计知识的跨学科集成路径[J].室内设计与装修，2016（11）：136-137.

工业设计是以需求为导向、以用户为中心、以产品或服务为输出的问题求解活动，关注的核心是人与物之间的关系，“物”的核心是技术原理，“人”的核心是用户服务，设计创新源于技术创新和服务创新（图4-2）。工业设计要解决的“问题”往往存在于人与物交互的过程中，正是通过人与物的交互方式的创新，来优化用户体验与服务、实现产品价值增值和提高企业竞争力。从这个逻辑流程来看，创新创业型工业设计人才培养中的专业知识主要涉及用户与服务知识、产品及其系统知识、市场与经营管理知识（价值增值与竞争力的实现）等方面。

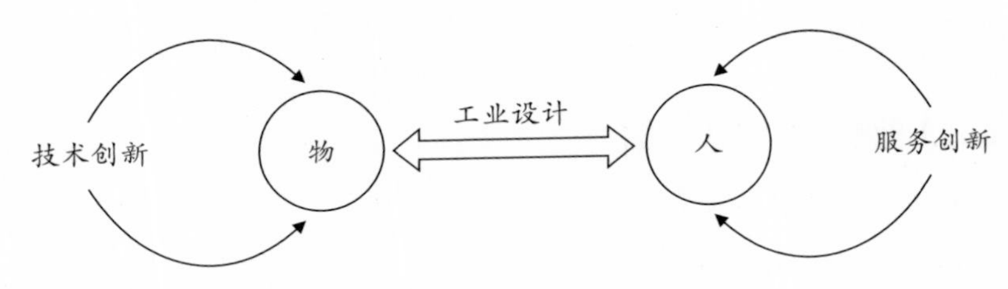

图4-2 工业设计中人与物之间的关系示意图

1.用户与服务知识

用户是工业设计价值创造的出发点和归属点。“为了让创新变得更加可预测，必须了解用户在特定场景中想要获得的进步。从用户视角观察他们在日常生活中想要完成的任务，以及完成任务过程中遭遇到的挑战和阻碍……这不仅有益于产品本身的改进，而且能够让创新者在意想不到的地方发现商机。”这就是颠覆式创新理论的提出者、哈佛商学院的克莱顿·克里斯坦森（Clayton M. Christensen）所提出创新者的任务[①]。工业设计的出发点是服务于用户的需求，但是需求是一些不确定的变量，这些变量取决于用户的背景、心理、行为和期待。根据用户的知识背景、生活方式、消费习惯和所处的社会文化背景建立用户的心理认知模型和行为模型，以认知心理学、行为

① 克莱顿·克里斯坦森，等.创新者的任务[M].洪慧芳，译.北京：中信出版社，2019：21.

学、人机工程学、交互体验等为理论核心，是工业设计学科建立和发展的重要方向。乌尔姆（ULM）造型学院托马斯·马尔多纳多（Tomas Maldo - nado）在21世纪50年代提出产品形式的交流性，强调信息在“产品—用户”关系中具有举足轻重的作用，并首次将语义学和信息论吸收到设计训练和设计教育中。20世纪80年代，克劳斯·克里本多夫（Klaus Krippendorff）和莱因哈特·巴特（Reinhart Butter）基于符号学理论和用户的特征，构建了如图4-3所示的“用户—产品”交互模型①。在该模型中，用户与产品的交互过程是一个循环的系列步骤，即{……→用户操作产品→产品符号反馈→用户操作产品→……}。该模型强调了产品所处的使用语境和用户特征对交互过程的影响，用户特征主要涉及文化背景、使用经验、产品心理模型、群体类型、使用条件等。

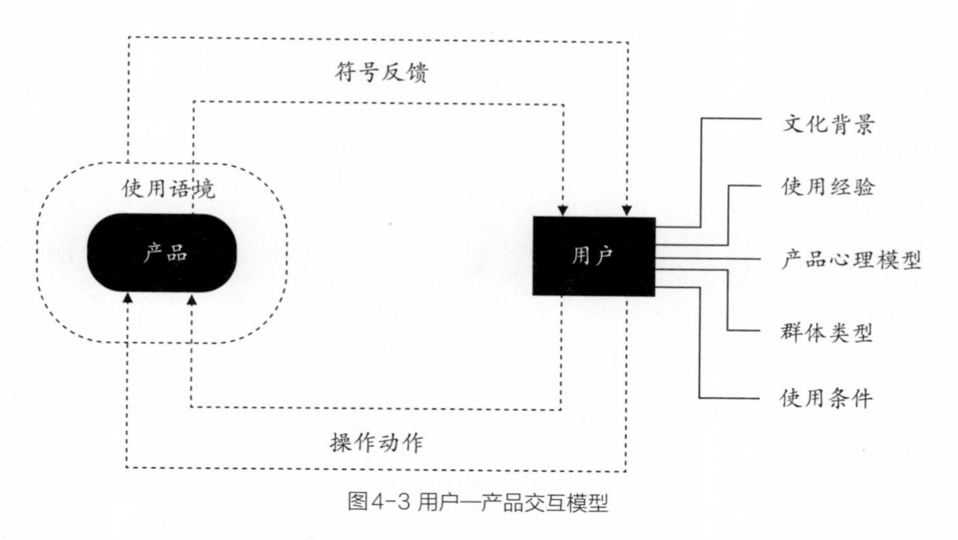

图4-3 用户—产品交互模型

今天，定义和创建成功的产品，获取和架构足够多数量的用户信息和服务知识，是一个具有挑战性的任务。设计既是一个发散过程，也是一个收敛

① Crilly N，Good D，Matravers D，et al. Design as Communication: Exploring the Validity and Utility of Relating Intention to Interpretation[J]. Design Studies，2008，29（5）：425-457.

过程，需要通过开展用户研究来获取用户、场景、使用与服务流程等重要信息。在产品开发设计中，对用户研究通常采用的手段有用户行为情景观察与实验、用户访谈、用户问卷调查、用户参与设计、角色扮演、大数据分析等多种方式。通过与用户的沟通和研究分析，设计师可以识别用户的需求和偏好，了解用户的想法、意见和目标，架构用户的使用场景，更好地洞察和识别用户的真实需求。在具体的产品创新和开发设计过程中，用户研究的各个步骤和方法互相联系、互相影响，往往根据项目资源有选择性地综合开展。用户与服务研究的知识既可以为新产品开发提供目标方向、创新机会和决策依据，还可以为营销人员提供明确的产品销售策略和卖点，引导和说服消费者。

2.产品及其系统知识

在产品开发设计的模糊前期，设计师需要认识和理解技术产品及其系统本身。随着人工智能、物联网等技术在产品中的广泛应用，产品知识不仅涉及硬件方面（如材料、工艺、CMF、结构、技术模块、造型等），还扩展到软件系统、交互界面与体验、服务内容等方面。产品及其系统涉及的产业领域非常广泛，从传统的制造业（包含机械、电子、家电、能源、交通运输、医疗器械等行业），到新兴高科技领域（如机器人、无人机、绿色健康等）、文化创意领域（如文创产品、非遗产品等）、消费服务领域（如智慧医疗、学习社区、消费和娱乐系统等）。马克斯·比尔（Max Bill）在乌尔姆创校时提出的“从汤匙到城市”的浪漫理想，在今天的设计服务领域中已经实现，并且完全融入和实现了技术与商业价值。同时，产品及其系统的知识也更加丰富和复杂，设计师在开展项目设计的过程中，所需要的知识很难完全通过大学的课程学习提供，需要在项目开展的过程中，在为企业和社会提供技术资料的基础上，与企业专家一起协同建构。

在产品及其系统知识的教学过程中，研究已经存在的相关产品或系统

（特别是行业标杆产品），掌握现有产品的技术原理、功能、使用方式等属性是非常重要的。通过市场上现有典型产品或系统的拆解分析，掌握产品的核心技术、构造原理、功能实现方式等，在了解和学习产品知识的同时，也有助于规划产品的创新与竞争策略、扩宽产品创新机会和构建产品的原型。

由于产品及其系统的多样性和复杂性，在产品及其系统知识的构建过程中，需要遵循三种原则：（1）变量思维。在产品及其系统研究的过程中，需要针对具体产品的类别和特点，自主设置相关的变量（如造型、CMF、技术模块、原理、功能、交互方式、使用场景、核心体验点等），开展逻辑性的、定量化的研究。（2）跨学科与供应链思维。在产品及其系统研究的过程中，需要综合跨学科知识开展功能原理、技术模块、产品或系统运行流程等方面的研究。同时，工业设计创新所涉及的功能原理和技术模块一般都是已经经过实验室验证的、市场上已经具备的、通过与供应链的合作可以短期内解决的。（3）原点思维。在产品及其系统知识的构建过程中，要回到“服务用户进步”的设计初心和原点，分析产品的本质属性和意义，构建产品的原型，为重新定义产品做好准备。同时，坚持产品的技术逻辑服从用户逻辑，“用户模式大于一切工程模式”[①]。

3.市场与经营管理知识

从本质上来看，工业设计是通过发现和解构问题来洞察商业机会，通过将需求、创意、技术、供应链、生产、营销、服务等进行整合来提出解决方案，为企业提供新的价值与竞争优势。因此，在工业设计的知识体系中，需要学习品牌定位、产品线规划、供应链整合、销售渠道、竞争环境、传播推广等企业经营管理价值体系中的相关内容，掌握了这些知识，工业设计师才可能做产品经理，才可以创造新物种、导入新产品[②]。

① 黎万强．参与感：小米口碑营销内部手册（珍藏版）[M].北京：中信出版社，2018：26.
② 刘诗锋．刘诗锋：工业设计师是产品经理的摇篮[J].设计，2020（10）：46-51.

在市场与经营管理知识体系中，主要涉及三个方面的内容：（1）市场营销。掌握产品销售模式，了解市场对某种产品的需求情况，识别、定义市场机会和可能出现的问题。工业设计中市场营销研究的具体内容主要有以下五个方面：社会对产品的需要，包括主要销售地区的分布及产品的需求量，市场发展趋势等；用户的要求，包括商品流通的环节，产品应用的领域，用户接触、认知和购买产品的渠道和方式，哪些产品对用户最有吸引力和用户的购买能力如何等；市场的竞争能力，主要是对比分析与竞争产品/品牌（特别是行业标杆产品）在性能、价格、技术功能、供应链、销售渠道和服务等方面的优劣势；协作配套供应商的状况，主要是协作配套件的产量、质量和价格等是否适应产品的技术、性能、成本要求；企业在设计、制造和销售等方面的适应能力。（2）竞争与设计战略。掌握行业状态与竞争形式，制订企业的新产品竞争战略与创新策略。理解产品设计战略与其品牌战略、营销战略的对接关系；在更宏观的经济社会和行业背景中判断产品创新的趋势，重新定义产品和服务，挖掘和制订产品的独特价值与市场竞争策略。（3）设计管理。协同企业管理体系，链接技术、生产、市场、营销、品牌等环节，促进工业设计与材料、工艺、制造、供应链、营销、管理、服务等方面的深度融合。制订和规划设计流程，构建工业设计组织体系，建设与发展设计团队。建立企业创新机制的标准，包含制度、人才、研究、评审、跨部门关联协作等内容。

在产业转型升级和设计驱动创新的背景下，工业设计是在理解用户、市场、竞品和产品技术系统的基础上，制订设计策略和开展创新设计，工业设计是连接用户、技术、经营的纽带。在设计项目中，用户与服务知识、产品及其系统知识、市场与经营管理知识是整体性的，只有通过知识的融合驱动设计创新，才能支持设计的创新性与经济性、用户价值、产业价值的多维平衡，设计创新才能经受起市场的检验。因此，在工业设计的专业教学中，培养具备基本的用户与服务知识、产品及其系统知识、市场与经营管理知识，能够参与创造、发现、迁移、重构、有效整合应用这些知识的能力，至关重要。

第三节　新的工业设计基础

3.1传统设计基础教育的演变

1.包豪斯的设计基础教学①

在包豪斯初期，约翰·伊顿（Johannes Itten）倡导了包豪斯基础教育的必要性，他为设计基础教育建立了基本的准则，制订了三个基本任务：①引导学生完成真实的作品，解放学生的创造力和艺术才能。②加强材料和织物的练习，最大限度地激发学生的创作灵感。③教授学生基本的图形和色彩法则，为其未来的职业生涯做准备。包豪斯早期的设计基础课主要包括造型课、绘画分析、人体绘画课等；此外，由于伊顿想要训练学生的身体和心灵的平衡，基础课还会开展身体和呼吸训练，通过声音、色彩和形式以使学生放松。在保罗·克利（Paul Klee）和康定斯基（Wassily Wassilyevich Kandinsky）加入包豪斯后，他们与伊顿一起教授关于色彩、图形、分析绘画等相关的设计基础课程，如康定斯基的《点、线、面》。

1921年起，包豪斯的指导思想发生改变，提出要以理性和秩序取代个人表现。1923年至1928年，拉兹洛·莫霍利-纳吉（Laszlo Moholy Nagy）接替伊顿担任设计基础课程教学的负责人。纳吉抛弃了伊顿冥想式的神秘主义，但保留了基本的形式研究内容和实验精神，提出了“设计基础教育必须

① 王启瑞.包豪斯基础教育解析[D].天津：天津大学，2007.

为实际设计目标服务”的原则，强调为“从材料到建筑”打好基础，并将构成主义思想带入包豪斯。在教学中重视对材料和结构理性分析，训练学生的空间感受、材料的空间造型和材料构成的平衡，鼓励学生学习机械加工的各种工艺和参观工厂的生产线。此时包豪斯的设计基础教育已经较为系统化了，课程涉及技术绘图、图形、色彩理论、分析绘画，以及数学、物理学等自然科学的相关课程[①]。

1928年纳吉辞职，约瑟夫·艾尔伯斯（Josef Albers）成为包豪斯基础教育的负责人，直至1933年包豪斯被迫关闭。艾尔伯斯对伊顿、康定斯基和纳吉的思想都有所继承，表现出严谨的思辨性。“材料练习”是他基础课的重点，试图通过实验性的材料训练来建立学生们的设计思维方式。艾尔伯斯课程中纸的造型练习被认为是三大构成中平面与立体构成的原型，强调专业中实践的创造力并能够最经济地利用材料。艾尔伯斯的教学使设计基础课程更有趣，并逐渐确立了构成教学的方法，但是由于1928年之后，包豪斯逐渐进入“一切为了建筑”的教育主导思想，基础教育逐渐弱化，甚至从必修课变成了选修课。

2.新包豪斯的设计基础教学

新包豪斯继承了包豪斯的传统，强调设计基础课程教学的重要性，它不仅注重于对学生感官的体验、情感价值的丰富，还有设计思维训练的多项拓展。在新包豪斯早期，纳吉负责设计基础课程教学，注重材料、外观及三维空间等方面的实践经验，强调在专业车间中的学习和训练。他将基础课程设置为一年的时间，在两个学期的学习中，基础课程被分成三大部分：基础设计车间，包括对机器、工具使用的研究；分析和构造绘画、模型、摄影；自然科学和人文社会科学科目。

1946年纳吉去世后，新包豪斯并入伊利诺伊理工学院。希玛耶夫作为学

① 李亮之.包豪斯：现代设计的摇篮[M].哈尔滨：黑龙江美术出版社，2008.

院的继任管理者，将基础课程的学习时间扩展至三个学期，其基础课程理念和内容仍遵循纳吉所制订的准则，并分别由七个部分组成，即：基础车间，视觉基础，雕塑，摄影基础，阅读、写作与思考，数学、物理学、符号学等科学与人文课程。

3.乌尔姆的设计基础教学

在乌尔姆的创立初期，马克斯·比尔（Max Bill）沿袭了包豪斯的理念，并进一步确立了设计基础课在教学中的核心地位。然而，包豪斯过于依靠经验的教学模式已无法满足乌尔姆对科学方法的追求。1954年起，托马斯·马尔多纳多（Tomas Maldonado）接替比尔负责设计基础课教学，为了寻求更加科学系统的方法和理性主义的设计表达，马尔多纳多、马克斯·本泽（Max Bense）等扩充了对格式塔心理学、符号学等知识的讲授；取消了艺术基础训练的课程，要求作图的“精确性”，以数学取代材料和手工工具，作为培养学生创造力和视觉敏感性的基础。

马尔多纳多负责的设计基础课程综合了更多的抽象主义原则和其他学科体系，如对称性、拓扑学和大量的造型原理。基础课作业完全摈弃了具体的实用意义，强调与功能无关的抽象审美的训练，既体现视觉艺术的感性成分，又强调了理性的逻辑推导。基础课的具体包含了四个方面的内容：（1）视觉初步，基于视觉感知现象的练习和实验（色彩、形式和空间）；（2）表现方法，基本表现方法的实践与分析（摄影、字体、徒手画和制图）；（3）实践，引入手工技术（木材、金属和石膏）和设计媒介分析；（4）文化综合，开设当代历史与艺术、哲学、文化人类学、形态学、心理学、符号学、社会学、经济学等领域的讲座课和学术研讨会。在教学过程中，马尔多纳多主张继承包豪斯“边做边学”（Learning Through Doing）的务实精神和团队协作精神，提出了基于跨学科知识应用的科学操作主义，正如他所言：“知识不再是一个问题，而关键在于对知识的运用和操作。”

4.传统设计基础课演变的逻辑与特征

关于设计基础教育的组成，从包豪斯至今，没有一个普遍统一而适用的定义。通常认为，设计基础教育是为了给设计者提供满足工作中实践操作所必备的基本技能和素质而存在的①。从包豪斯开始，职业设计教育从未停止过对设计基础教育的探索和改革。

在包豪斯的早期，伊顿主要强调的是培养学生“正确的”艺术和技术理念，促进学生形成健全人格，激发他们的艺术创造力，但设计基础教学难以为设计专业实践和未来的社会工作提供直接的“基础技术储备”。伊顿不赞成偏激的理性主义，他倡导“跟着感觉行事”，强调自由的分析绘画训练。纳吉接替伊顿后，将构成主义思想带入包豪斯，提出了“设计基础教育必须为实际设计目标服务”的原则，强调对材料、结构、空间的理性分析。艾尔伯斯进一步发展了构成主义，更关注材料和成本约束下的实用性设计教育而不是自由的艺术家经验。

新包豪斯的设计基础继承了包豪斯强调车间实践和抽象造型思维训练的传统，但同时扩展了造型表现的手法（如摄影、雕塑等），加强了跨学科的知识和基本能力的训练，如系统设置了数学、物理学、符号学等科学与人文课程，强调阅读、写作与思考能力的训练。乌尔姆设计学院的基础课结合了方法论、符号学、语义学、拓扑学和数学等科学学科的内容，注重科学的设计基础教育和建立在科学方法论基础上的设计思维培养，是设计基础教育发展的重要创新。

从包豪斯到乌尔姆的发展过程可以看出，设计基础教育既受到设计教育观念和社会整体学科发展的影响，也受到产业实践和社会经济需求的影响。一方面，设计基础课程从自由艺术训练向专业技术基础训练、再到跨学科知识训练的过程，是艺术与技术、艺术与科学不断交叉融合的发展过程，这也

① 克劳斯·雷曼.设计教育，教育设计[M].赵璐，杜海滨，译.南京：江苏凤凰美术出版社，2016：43.

正体现了设计从表现艺术向应用艺术、再向应用科学发展的逻辑范式。在这个发展过程中，设计基础教育深受其他自然科学、工程科学和人文社会科学发展的影响，设计的理性表达和分析、设计思维观念的形成离不开相关学科思想和技术的影响。另一方面，发展过程中不断强调设计基础教育为设计实践服务的目标，由于产业和经济社会的变革，设计实践服务的对象、内容和价值在不断演进，整体而言，越来越需要系统思维、科学方法的协助和基本价值观的驱动。因此，设计基础教育的内容、形式和要求也在不断深化和协同演进。

3.2 新的设计基础教育体系

在新一轮产业、经济社会和生活方式全面转型的时代，新的技术、新的需求与消费场景、新的产业形态不断涌现。设计师面临的设计问题往往是“开放的、复杂的、动态的和网络化的”，很难通过传统解决问题的策略去解决[①]。传统设计基础教学强调“作坊式动手操作”和“个人创意训练”主要针对孤立、静态和多级有序的系统，解决问题的策略主要是切割简化的方式，难以达到解决当前复杂设计问题所需要的能力要求。

为了应对技术和市场的快速变化，对接当下以及未来可能遇到的产业与生活的复杂性和不确定性，设计基础教育显得尤为重要。“设计基础”作为设计教育中最具价值、持续时间最长、最基本的组成部分[②]，已经超出了画图、作坊式的动手操作和个人创意训练的范畴，其主要内容既涉及未来工业设计需要的专业知识与技能基础，也涉及工业设计的专业素质基础、价值和情感基础。

---

① 吉斯·多斯特.不落窠臼：设计创造新思维[M].章新成，译.北京：人民邮电出版社，2018：31.

② 克劳斯·雷曼.设计教育，教育设计[M].赵璐，杜海滨，译.南京：江苏凤凰美术出版社，2016：43.

1.工业设计的专业知识与技能基础[①]

工业设计人才培养中的专业基础知识主要涉及用户与服务知识、产品及其系统知识、市场与经营管理知识等方面。主要内容有：

（1）中外工业设计史论的基础知识。

（2）产品材料、工艺、结构与制造及其与商业、社会、环境关系的知识，人工智能、物联网、生物科技、生态与技术伦理等跨学科前沿知识。

（3）用户体验、人因工程、背景调查、用户偏好研究以及可用性评估的基础知识。

（4）专业设计实践流程及其相关知识，项目策划、编制、调查、实施、评审，及其相关的专利、商标和版权。

（5）基础商业实践及其与工业设计相关的创业、采购、生产、营销、服务、战略与管理等知识。

工业设计人才培养中的专业技能主要为设计实践项目服务，主要包括：

（1）开展企业调查和用户研究，以及从价值、美学、体验等多角度综合提炼用户需求的能力。

（2）市场趋势研究、判断与机会洞察的能力。

（3）发现问题、解构问题、定义问题、结构化问题解决过程的能力。

（4）产品定义、场景构建、系统架构与产品机会洞察的能力，以及设计方案构建、测试、评估和优化的能力。

（5）造型能力、跨领域技术整合能力、协助生产制造与供应链整合的能力。

（6）针对设计问题、设计概念、设计方案、技术原理与结构模块、使用（服务）过程与场景，以及问题解决过程，合理采取口头、书面、视觉化、多媒体及其他工具的多模态表达能力。

（7）在跨学科或超学科团队中有效工作的合作与沟通技能。

---

① 卢国英.美国NASAD认证对中国艺术和设计教育的启示[J].设计艺术研究，2017（3）：39-43，48.

2.工业设计的专业素质基础

工业设计的专业素质，主要体现在对设计思维、设计逻辑和职业素质的培养，主要涉及：

（1）项目思维与目标制订能力

美国项目管理协会对项目的定义是“为了创造独特的产品、服务及成果而在一定的时间内实施的工作”，即“在一定的时间内为了实现某种特定的目的而进行的活动”。这就要求学生掌握目标制订和管理的能力，如制订的目标必须是清晰具体的、有可以衡量的客观标准、反映人的积极追求、具有明确的期限、可以实现等。项目思维与目标制订能力有助于培养学生锤炼自我规划任务、管理进度、展示成果的终身学习素质。

（2）批判性思维与迭代方法

批判性思维是一种基于理性和事实而进行评价的能力与意愿，洞察、分析和评价是其关键。批判性思维不仅仅是一种否定性思维，它还具有创造性和建设性的特征，如为设计问题或方案给出更多可选择的解释。设计思维是一种迭代方法，而不是一系列固定的步骤，迭代的次数及目标、限制及进度与主观判断有关，而且很难在项目的初期确定。设计教育需要培养学生的批判性思维，在非线性迭代过程中的问题空间与解决方案空间协同进化的工作模式，做出模糊决策与创新管理的能力和勇气等。

（3）溯因推理与溯因洞见

溯因方法是一种根据某现象的特征推测该现象产生的原因或条件的信息加工方式，具有假设性的逻辑和推论的或然性特征，是应对复杂不确定性设计问题的重要逻辑方式。设计并非不运用人们熟知的演绎推理和归纳推理，但设计问题不同于科学问题，科学关心的是“是什么”，设计关心的是“应该是什么”和“目标是如何实现的”。溯因推理是在大概了解目标价值后探索与之对应的“什么”和“如何”，推理过程具有一定的或然性，从而驱动新的需求洞见和产品机会产生。

（4）相关性与因果关系分析

“相关性和因果性是两回事，为了让创新变得更可预测，你必须了解其根本的因果机制，也就是用户在特定的情境中想要获得的进步”[①]。相关性是指一个事物或属性的变化会同时引起别的事物或属性发生相应的变化，因果关系是事物或现象间的内在关系[②]。相关性有时可以提供某种可靠的知识或机会预测，但相关性是事物之间的表面关系而不是事物之间的本质联系，产品创新需要从臆测和强弱相关性提出可能的机会[③]，再通过因果机制判断机会的可行性。在因果分析中，亚里士多德提出的“四因”理论是有效的分析方式，即质料因（Matter）、形式因（Form）、动力因（Agent）和目的因（End）。质料因是构成事物的材质或者基本元素，形式因决定了事物的本质属性（事物究竟是什么），两者从内在性质和外在性质之间的关系来分析事物；动力因是事情发生的动力，目的因是一个事物所追求的目标，两者从手段和目的之间的关系来分析事物的发展。

（5）跨学科协作与优雅沟通的能力

在新科技革命背景下，设计和设计师正在进入一个“解决复杂问题的能力高于掌握技术和知识能力的时代。”这就要求培养学生了解多领域高新技术（如AI+IoT、大数据、生物技术等）的趋势与应用，培养态度谦恭、相互倾听的能力，演讲、分享知识与观点、洞察意图与建议等沟通能力和技巧。培养学生善于与不同学科背景和经历的团队成员协作学习，能与客户、供应商、用户及其他学科专家高效沟通，积极开展协同工作与创新，对不同的观

① 克莱顿·克里斯坦森，等.创新者的任务[M].洪慧芳，译.北京：中信出版社，2019：21.

② 董春雨，郭艳娜.认识黑箱视角下相关性与因果性关系之辨析[J].自然辩证法研究，2020（12）：54-59.

③ 王中江.强弱相关性与因果确定性和机遇[J].清华大学学报（哲学社会科学版），2020（3）：145-156，211.

点、能力、文化和价值观具有开放包容的态度和富有成效的评价能力。

（6）科技与数字化素养

这是一个数据爆炸的时代，“数字原住民”生活和工作在数据之中，数字化重构了商品与服务价值[①]。设计不再是应用艺术，而需要理解数字科技产品和销售服务平台背后的工作原理、技术和决策逻辑。数据往往是生产或消费行为的副产品，通常不具有独创性或创造性；单个数据也不具有直接的经济价值，这就需要培养学生的科技与数字化素养，具备获取和利用大数据、小数据（个体或特殊小群体的数据）的能力，能够通过连接数据和整合数据重新定义用户体验，预测和洞察创新机会，培养产品和服务创新的素质与能力。

（7）战略与变量思维

以现在看未来，是着眼于现在所拥有的去预测未来，是发现和陈列问题的思路。以未来看现在，是发现实现目标所欠缺的，面向未来补足现在，是解决问题的思路。而变量是那些别人还没有关注到，但能对事态的走向和趋势产生很大影响的因素。正如罗振宇在《罗辑思维》中说，所谓的高手就是不断看到新的、更容易被忽略的那些变量。培养战略思维与变量思维，就是要培养学生面向未来的视野和信心，既能从经济社会与产业的宏观视角思考未来，又能从产品与服务的微观维度思考差异化。

3.工业设计的价值与情感基础

一个好的设计师最重要的特质不是艺术天赋，也不是科学知识和操作技能，而是对生活的感知力，对新事物的好奇心，对美好和幸福的感悟力。在价值和情感维度，设计基础的培养主要有：

（1）以人为本和共情

从以产品和技术为中心，转变为以价值、体验和需求为中心。尽管产品

① 袁志刚.新发展阶段中国经济新的增长动力——基于宏观经济的长期增长和短期波动分析框架[J].人民论坛·学术前沿，2021（6）：12-21.

和技术也是满足客户需求的重要手段，但是它们的角色应该是推动解决方案的生成，从而满足客户需求。这就需要加强人文主义课程的学习，加强生活与需求价值观的教育与引导，培养学生站在用户的立场上思考创新愿景和目标的能力，比如对美好生活内涵的探索、对消费升级和社会架构的思考。

（2）终身学习和乐观的心态

培养学生主动学习和实践，积极参与设计实践项目和活动，突破专业学科边界限制、整合学校和社会各类资源开展创造性学习的习惯和素质。培养学生愿意测试和推广转化自己创意、概念和设计作品的主动性，勇敢面对设计方案的失败和不足，具备严谨求实的科学品格、创新创业的工匠精神和坚忍不拔的韧性，乐观判断和面对设计的创新愿景。

（3）拥抱幸福和不确定性的勇气与信心

帮助学生塑造积极的幸福观，比如“幸福是有意义的快乐”；培养学生对工作与生活意义的感悟力，对新事物的好奇心。培养学生善于运用系统思维和联系性思维定义与架构设计问题，拥抱复杂性和不确定性的勇气，提高学生解决界定不清的问题和把握机遇的能力。

第四节　新的工业设计对象与实践

4.1 教学中新的设计对象

近年来，在飞速发展的时代背景下，随着以大数据、云计算、物联网、人工智能、新能源等为代表的技术飞跃和新的商业模式乃至新型社会组织的出现，一方面为设计实践提供了新的机遇和任务，另一方面为设计实践提供了新的对象和属性。

在新科技革命背景下，设计实践的舞台不仅是工厂和商业，还会涉及产业的所有方面和社会生活与经济组织，每个组织都面临着设计思维的挑战：如何发展并提供与人相关且有价值的服务，以及如何最大限度地利用各种资源实现这一点[①]。这正是设计思维对设计技能和素质的本质要求：从关注形态、结构和功能，扩展到关注组织的结构、资源、服务过程或愿景等战略层面。设计师及其价值不再局限于“画图设计”和产品开发最后环节附加的“视觉外观”，只有与技术专家和市场专家、平台专家、社会专家等进行对话与合作，才能充分理解与洞察用户需求和产品机会，定义产品概念、探索设计方案和运营模式。

基于新需求、新科技和新场景（如健康养老、智慧生活、可持续发展等）的新生人造物正在不断涌现并必将越来越多，如智能产品、系统及服务设计等。这些新生事物更加多元、复杂、抽象和跨领域，虽然未必是由工业设计创造，但需要经过工业设计赋予其形态、结构、材料、工艺、色彩、装饰、人机与交互关系、用户体验、场景属性等，才能更好地创造商业价值、提高产业竞争力[②]。各大设计院校都在围绕扩展的新设计领域和对象，重构专业设计教学的模块和体系，典型的扩展方向有高端装备领域、数字智能领域等[③]。

1.高端装备领域

工业设计从原有的消费领域为主，正在加速向高端装备设计领域扩展，对于原本是只有科学技术参与的高端装备领域，实现关键设计突破，成为推动要素驱动向创新驱动转变的重要手段。工业设计为高端制造业、高效轨道

---

① 约翰·赫斯科特，克莱夫·狄诺特，苏珊·博慈泰佩.设计与价值创造[M].尹航，张黎，译.南京：江苏凤凰美术出版社，2018.

② 吕杰锋.“新工科”建设背景下面向“新能力”的工业设计专业教育改革[J].设计艺术研究，2020（6）：8-12.

③ 刘宁.面向智能互联时代的中国工业设计发展战略和路径研究[D].南京：南京艺术学院，2021.

交通领域、智能汽车领域、航空航天领域等的供给侧结构性改革提供了新的动力，成为赋能高端装备领域持续创新和高质量发展的重要方式。例如，西北工业大学结合三航领域国家重大工程设计任务，围绕载人航空、航天、载人深潜及特种车辆等设备产品的创新设计工作，培养具有“全生命周期设计能力”的拔尖创新设计人才，设计内容涵盖了外观设计、结构设计、飞行器舱内布局优化设计、人机工效仿真、加工制造及产品测试等[①]。

2.数字智能领域

以数字经济和人工智能为特征的第四次工业革命时代已经到来，数字化和平台经济重构了商品与服务价值。数据的使用在空间和时间上均有非竞争性、共享性，单个数据往往不具有直接的经济价值[②]。从企业的竞争形式来看，数字化连接能力、数字化整合能力和数字化创新能力是产业数字化重塑和实现经济价值的关键，如图4-4所示[③]。

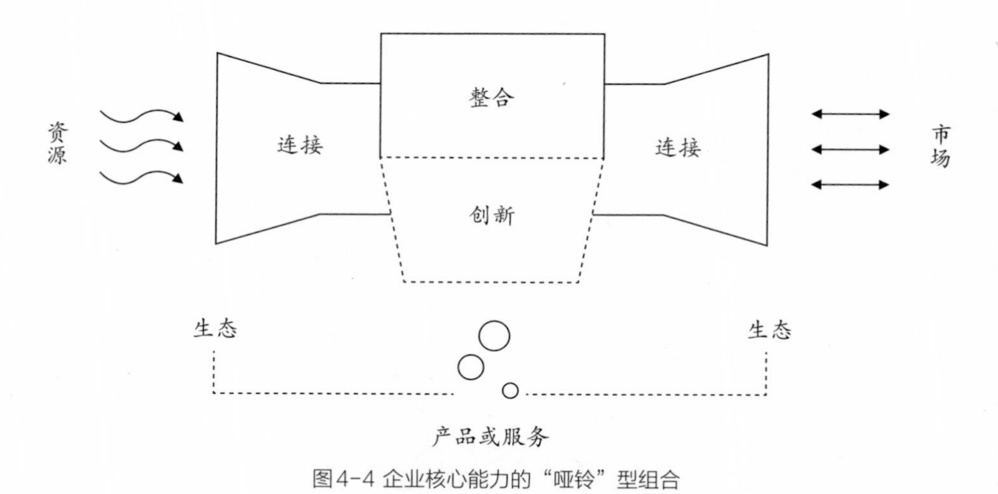

图4-4 企业核心能力的“哑铃”型组合

① 余隋怀.余隋怀：中国工业设计新工科建设必要性解析及建设路径思考[J].设计，2021（20）：58-61.

② 袁志刚.新发展阶段中国经济新的增长动力——基于宏观经济的长期增长和短期波动分析框架[J].人民论坛·学术前沿，2021（6）：12-21.

③ 丁少华.重塑：数字化转型范式[M].北京：机械工业出版社，2020.

科技的进步在持续增强工业设计产业的数字化融合创新能力，在这种融合创新过程中设计关系得到了提升和重塑，工业设计的边界进一步扩展。随着智能互联逐步普及，工业设计产业需要链接、融合和赋能更多的产业领域，洞察新的应用场景和商业机会，并在更多传统、低端产业开展工业设计和智能互联的结合，以促进数字化驱动的产业和经济社会的转型升级。

智能互联、数据挖掘等技术持续的深入研究及与应用场景的广泛开发，数字化场景、人工智能快速兴起，更多的行业和产业被融合，设计正在改变传统产业的结构，重塑人、物、环境间的关系，工业设计的产业结构也将被重构。大量数字化的服务与需求未被充分满足，智慧城市、社会服务、信息交互、智能家居等数字智能领域占比越来越大。一些设计院校正在从聚焦传统消费产品的设计向数字智能产品的设计转向，如湖南大学工业设计教育教学面向世界科技前沿、面向经济主战场、面向国家重大需求和面向人民生命健康，规划了智能装备、智慧出行、数据智能与服务设计、智慧健康、可持续与生态设计、数字文化创新等六大设计模块[①]。

4.2 新的设计实践

1.制造业企业中新的设计谱系

工业设计在制造业企业中的作用正在不断扩大，设计不仅仅局限于提高产品的审美和功能，还会涉及工程（技术、材料和加工等）、人机关系与用户体验和商业（工业链管理、营销策略、创新战略、产品线规划、企业形象等），甚至还会涉及社会、环境和文化问题，工业设计在提高企业竞争力和促进企业价值观、流程与组织创新等方面也具有重要贡献。

设计对制造业创新的影响可以是多层次的，不仅包括业务层面（创建产

① 季铁.季铁：湖南大学设计艺术学院“新工科·新设计”人才培养教学体系与实践研究[J].设计，2021（20）：50-57.

品与服务的设计活动）和策略层面（设计方法与过程组织管理的设计策略），还会涉及企业战略层面的设计思维（设计的理念和方法应用到业务管理与企业经营）。Jea Hoo Na等在对11位设计创新和制造专家开展深度访谈，并对46家英国制造业企业进行案例研究的基础上，构建了如图4-5所示的商业背景下制造业企业中设计谱系的理论模型。

在制造业企业中，设计行为、设计策略和设计思维是紧密相连的，相互之间的区别是松散的，在图4-5中用虚线来描述这种松散的区隔关系。在设计行为的业务层，创建产品、图像和服务的设计活动主要由专业设计师和设计工程师进行，设计师和工程师需要全面考虑和塑造产品的制造、装配、材料/色彩/肌理、形态、功能等有形的部分，也要规划和创造服务、品牌和用户体验等无形的部分。

策略层面主要决定业务活动的管理决策，包括产品和服务的范围、营销预算、资源管理和员工计划等。设计策略在战略层面运作，明确设计价值，制订设计流程、设计方法和激励策略，处理公司的设计管理，通常由高级设计经理、设计总监或研发总监等负责完成。进一步发展设计策略，工业设计在企业中的价值进一步扩展，比如通过设计原则和设计工具，促进企业管理层处理快速变化和错综复杂的市场趋势、判断新产品方案的可行性等工作。在企业管理层面，强调CEO必须具备设计思维。在设计思维层面，企业高管（总经理、董事会等）把设计思维融入企业管理层，通过构建企业文化、商业模式、设计政策、决策标准、企业经营战略和组织结构，确保新产品开发和企业获得成功。这种企业战略层面的设计思维是区别于设计师们通常在方案创新中所使用的创新思维。

设计谱系

	设计行为（产品/生产/传达/服务）	设计策略（设计管理）	企业层的设计思维（企业管理）
业务层级	活动（操作）层	战略层	组织层
创建对象	产品 图像/服务	过程	系统
设计师/设计决策者	职业设计师 设计工程师/工程师	设计总监 研发总监	总经理 董事会 首席执行官 董事长
设计影响	制造/装配/材料 服务 形态/功能 用户体验	设计过程 设计实施	企业文化 设计政策 商业模式 形象/战略
设计需求	趋势/生产过程 用户行为 新技术/材料 市场环境	设计过程 设计价值/管理策略	企业战略 设计思维 经营方针
设计属性	产生创意 进行问题解决的实验 以用户为中心的方法 传达从混乱到有序 系统思考/全面思考		
设计价值	提升产品可靠性/质量/服务质量 吸引投资 开拓新市场 设计引导的创新 降低生产成本 提升企业形象 提升设计质量/效率 创造企业内部文化 创造新产品/收入 创造新服务		

图4-5 商业背景下制造业企业中设计谱系的理论模型

1.新的设计创新链与创新维度

（1）工业设计创新链

创新链是围绕产业链形成的，从新产品开发设计中的创新过程和创新成熟程度来看，可以将工业设计的创新链分为四个阶段，即概念创新、技术创新、产品创新和产业创新。与这四个阶段对应的是：创新的想法、创新的技术、创新的产品和创新的产业（图4-6）[①]。

① 张执南，荣维民，谢友柏. 丹麦中小微企业的创新创业成功案例启示[J]. 科技导报，2017（22）：46-51.

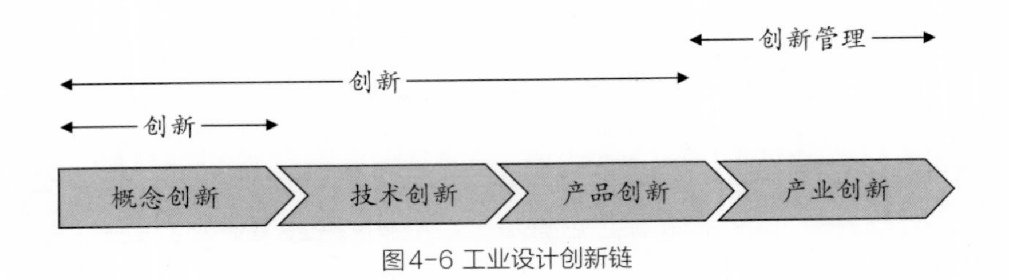

图4-6 工业设计创新链

概念创新阶段主要关注提出具有较好市场前景的创意，并经过不断完善后提出可行的方案，这一阶段采取的主要方法有市场调研、业内专家与用户访谈等。技术创新阶段主要针对优选的可行创意进行技术研发，开发产品所需的核心技术，并申请相关的专利保护。产品创新阶段主要完成产品功能原型的开发及其迭代开发，这一阶段需要进行大量的产品测试，供应商选择，技术和质量/性能评估等，确保产品是能充分满足用户和市场需求的，且产品性能可靠、性价比高、使用方便。产业创新阶段主要关注商业模式与服务模式的创新，制订市场开发和销售计划，启动市场宣传和产品销售。

（2）工业设计的创新维度

制造业的产业转型意味着工业设计要进入到制造业产业价值链的全流程，设计要参与、干预到工艺、生产过程、供应链、创新管理、市场营销和服务的全过程[①]。创新作为工业设计的结果，通常涉及产品创新、过程创新、营销创新、商业模式创新、供应链创新和组织创新六个维度[②]，如图4-7所示。

①产品创新。为产品创造新的属性，通常的方法有降低产品成本、改进产品功能或式样、扩展产品线、借助新技术开发原创产品等。

① Roberto Verganti. Design-driven Innovation: Changing the Rules of Competition by Radically Innovating What Things Mean[M]. Boston: Harvard Business School Publishing Corporation, 2009.

② Kenneth B. Kahn. Understanding Innovation[J]. Business Horizons, 2018（1）: 1-8.

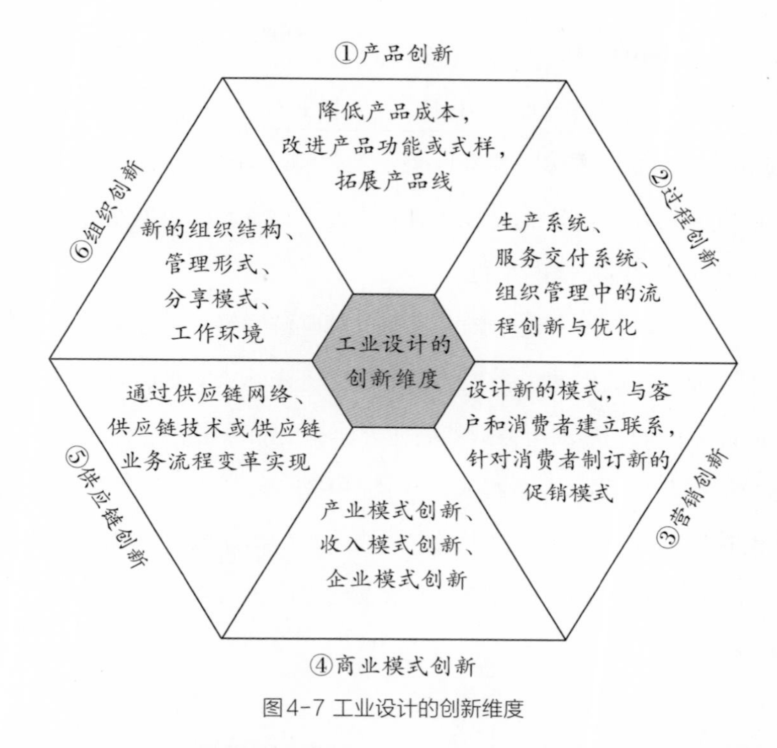

图4-7 工业设计的创新维度

②过程创新。过程创新通常涉及生产系统、服务交付系统和组织管理中的流程创新与优化，主要关注于效率和成本，如追求更快的生产或处理效率、较低的成本等。过程创新与产品创新之间存在着重要的关系，前者强调效率，尤其注重节约成本；后者强调有效性，尤其注重性能和品质。创新的产品通常需要额外的资源和新的制造过程，影响生产效率和成本，企业过分关注过程创新会限制产品创新的机会。

③营销创新。营销创新的目的通过设计新的模式，与不同层次的客户和消费者建立联系，针对消费者制订新的促销模式。营销创新通常依靠塑造品牌认知和产品独特性等方式来激发消费者需求，进一步扩展销售和市场认知。

④商业模式创新。商业模式创新是产业变革的结果，通常有三种单独或组合使用的形式：产业模式创新、收入模式创新、企业模式创新。产业模式

创新包括通过进入新领域，或重组和重新定义现有产业，或投入资产进入全新产业（业务）来创新产业价值链。收入模式创新是通过重新配置产品/服务/价值组合和定价模式来产生新收益。企业模式创新是通过改变和扩展企业员工、供应商、客户和其他人形成的能力关系与资产配置网络，创新企业在组织和价值创造中所扮演的角色。

⑤供应链创新。供应链创新主要通过供应链网络、供应链技术或供应链业务流程（或这些流程的组合）的渐进或激进变革来实现，其目的是给各利益相关方创造价值，形成可持续的商业合作和更加优化的产业价值链。

⑥组织创新。组织创新解决组织的变化，这种变化可能发生在组织结构、新的管理形式、分享模式和工作环境中。如海尔公司提出的“人人都是CEO、人人都是创客的去中心化小微链群组织”、京瓷公司等采取的“全员参与经营的阿米巴模式”等。

3.新的服务模式

根据台湾创研综合设计研究所出版的《中国设计行业结构发展解析》，中国工业设计的社会服务模式需要经历五个主要阶段，即物料附加阶段、议价竞争阶段、打包服务阶段、专业分工阶段、多元化发展阶段，演进过程如图4-8所示。

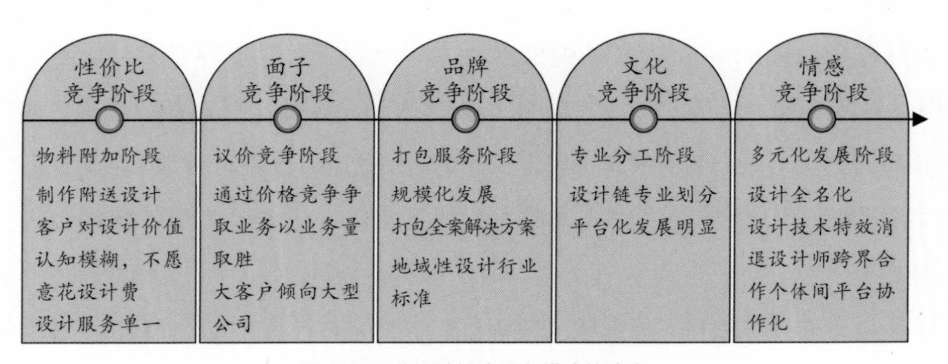

图4-8 工业设计社会服务模式的演变

在工业设计发展的五个阶段中，物料附加阶段属于加工型制造，客户缺乏工业设计的基本理念，项目需要培养客户。在议价竞价阶段，客户已具备基本的设计需求观念，职业化的小型工业设计公司较多，设计服务的价值链较短（比如主要局限于产品的外观改型设计、CMF设计等），服务的同质化较为严重，最终走向了价格竞争。同时，设计与生产制造、市场推广等各部分之间是分裂的，沟通和协调的成本较大，也导致很多设计的创新性方案最终难以实现。

在打包服务阶段，设计服务需要提出完整的解决方案，从产品的规划、研发、设计到最终的市场推广，采取打包的方式由设计企业承担，项目所需时间较长，服务面较广，方便统一协调和落地实现。打包服务要求设计公司具有较强的整合能力、团队协作能力、项目执行能力和支持实现全产业链创新的能力。产业链涵盖的环节可能属于不同企业，甚至不同行业领域。随着产业链的全球化分布和产品模块化的发展，产品内分工越来越明显[①]，工业设计所需的"供应链"正在从区域单一渠道向全球多向网络化扩展。

专业分工阶段更强调设计服务项目的专业性和研究性。虽然不同领域和类别的设计在创新思维方面具有类似性，但随着市场竞争的激励和设计项目向深度方向的演进，设计服务需要越来越专业的知识予以支持，领域知识的差异性在设计项目中起到的作用越来越突出。研究和知识驱动的设计，是设计服务专业化演进的方向。设计的基础研究越来越重要，设计服务项目的周期越来越长，设计创新更注重从源头、从产品的内涵而不仅仅是从产品的形式展开，这正是设计专业化的发展路径。

在工业设计的多元化发展阶段，设计更加强调借助互联网、大数据、人工智能等工具和平台，依靠大众的意见和思想，共享设计知识与创意，通过内部资源和外部资源进行开放式创新。数字化众创设计平台的技术已经具

① 吴红雨.价值链高端化与地方产业升级[M].北京：中国经济出版社，2015.

备，社会公众已经具备了一定的设计知识和创新意识，设计的民主化意识更加凸显，开放设计创新生态，社会公众参与设计活动是时代的趋势。

工业设计在本质上是面向生产的服务业，当前我国不同行业和领域的生产处于发展不平衡的状态，工业设计的服务也呈现出了多元化的格局。议价竞争、打包服务是当前工业设计服务的主体，面向行业性的设计基础研究与专业化原始创新设计正在兴起，大众参与的平台化设计是工业设计发展的新趋势。

第五章

工业设计教学方法的转型

第一节　新的设计学习场景

1.1 传统设计教学面临的挑战

1.大学传统课堂教学面临的危机[①]

在新知识爆炸性增长的互联网时代，作为“互联网原著民”的大学生，学习思维呈现出非线性、跨界性的特征。学生的主体能力与主体地位在提升，教师的支配地位和权威在削弱，传统课堂教学正在面临着挑战和危机。

（1）传统讲授法导致知识与能力的脱节

学生对任何知识的真正掌握都是建立在新旧知识的相互联系（同化）和自己的独立思考与深思熟虑上。而在传统课堂教学中，学习者以听讲代替思考，即便有自己的思维参与，也是被教师架空的。学生的思维要与教师同步，就会将碰到的各种疑问、障碍和困难隐藏起来，难以真正激发学生的深度学习和创造性思维，很难促进批判性思维和建构性思维的养成，但在遇到新问题时难以整合应用知识来提出解决方案。

（2）学生容易形成被动学习的习惯

传统课堂教学中教师在教学中一直处于主导地位，学生参与相对较少，使师生在心理、认知、情感、人格上出现隔阂。教学 “忠诚于学科，却背弃

① 肖正德，王荣德，吴银银.大学课堂教学组织与管理[M].上海：上海教育出版社，2020.

了学生；进行着表演，却没了观众；体现了权力，却忘记了民主；追求着效率，却忽视了意义”[①]。如果只传授知识和技能，学生投入学习的时间不够，学习气氛弱，就难以促进学生主动学习和养成终身学习的习惯。同时，有效的讲授要求教师具备较高的学科知识素养和较强的语言表达能力，一般的教师也很难达到。

（3）难以考虑学生的个体差异和个性化发展

个性化（Personalized Learning）要求教师设计满足学生个体差异需求的学习，即运用定制的、个性化的方式帮助每位学生成功，传统课堂教学难以满足这一要求。学生个体有着独特的经历和思维模式，怎样给予他们恰当的教育，为他们提供多样性的课程资源、设计课题和平台条件供他们选择，是至关重要的。在设计教学中，课程的设计和管理至关重要，它关乎教师如何规划、组织开展和管理课程，关乎学生如何进行知识技能与经验和价值观的整合应用，以及养成主动探索和终身学习的习惯。

（4）难以适应知识的快速更新

在全球化、信息化背景下，知识与信息来源广泛，更新速度极快，教师与课本不再是学生知识的唯一来源，单靠教师传授的知识已无法满足学生未来工作和生活的需要，人们只有不断学习，才能适应不断变化的社会。传统实践教学过程与成果评价方式过于封闭，难以适应互联网时代倡导的“开放式协同创新”，既不利于与社会和产业的互动，也不利于对学生专业兴趣和情感的培养。

（5）学习内容与生活和产业需求脱节，学习成果的价值感难以体验

设计课题多是“虚拟的”，缺乏对产业实际需求和约束条件的理解，虽然对创新思维和设计表达能力具有一定的训练效果，但解决方案过于理想化

① 德里克·博克.大学的未来：美国高等教育启示录[M].曲强，译.北京：中国人民大学出版社，2017：179.

和单一化，难以培养对产业现实中“真实问题”的发现、分析、协调和解决能力，输出的成果价值感不足，培养的毕业生更像是“绘图员”而非“设计师”，学生的学习动力也会受到影响。

2.学习者的变化

21世纪的大学生被认为是数字化的一代，从小就接触和生活在充满活力的、可视的、交互式的媒体世界中，他们在学习中更喜欢互动性，喜欢以一种非线性的方式、随时随地、碎片化地学习单个知识体系比较短的内容，崇尚结成合作学习小组或者建立复杂的学习网络。由此带来的挑战是，要求教师学会利用交互式资源，更多地承担诸如教练、顾问、教学的设计者之类的角色，而不仅仅是一个说教的教师。

在人工智能时代，教育的重点是激发学生的创造力，教学需要从教师的教转变到学生的学，教师需要帮助学生设计科学的、合适的个性化学习方案，随时了解学生的学习情况、帮助学生解决困难、启发学生深度学习。然而，很多教师还没有认识到“人工智能 + 教育”的特点和优势，比较迷茫，或者被动适应，或者抵触排斥，还不善于运用信息技术来改进设计专业的教育教学。

我国20世纪 90 年代开始的高等教育大众化进程，带来的一个重大的变化就是进入大学的学生人数增多，生源总体素质、基础有所下降，特别是应用型大学（典型的有地方本科院校）尤为明显。这种变化与走在高等教育大众化之先的美国如出一辙，被美国教育社会学家马丁・特罗（Martin Trow）称之为“非传统学习者”的大量出现——那些不以学术追求为兴趣的学生，他们的入学动机和目标并不明确，仅仅屈从于家庭或社会的压力，大学只是其生活的驿站，这些学生关心的是实用的技能。这种变化驱动大学开始从所谓的“深度模式”向“平面化模式”转移，非传统学习者的增加对大学教学如何达到 “高阶性、创新性”和“挑战度”等要求，提出了严峻的挑战。

3.教师角色的变化

为了应对新科技革命带来的挑战和经济社会发展对高等教育的需求，大学的专业教育必须融入、支撑和引领产业的高质量发展。同时，大学教师的工作任务和角色也在发生显著变化。在以价值创造为输出的工业设计教学中，教师可能面临六项人才培养目标：更高阶的设计思维与创新技能、设计学科知识和操作技能、人文社会价值观、根据需要整合跨学科知识解决设计问题的设计实践技能、设计工作和职业发展、个人发展。

在互联网时代，学生不再是“白板一块”，而是知识的主动建构者。课程目标不能限定为先知者（教师）对后来者（学生）的传授，教学不再是授受知识和技能的“讲堂”，而是师生进行知识建构与发展的“实验室”，教师由原有知识的传授者向课程的合作者转变。课程本身就是情境化的，教师的基本任务是创设充满选择机会的情境，引导和组织学生发现问题，师生在平等的结构下就某一问题展开学习、讨论、探索和建构解决方案。在这个过程中，由于学生的知识基础、思考角度和价值预判不同，吸收的知识和解决问题的方案也不同。这就需要摒弃统一的学习衡量标准，并不断建构和生成学生个体的目标需要。学生需要将知识看成是流动的、变化的，需要根据自身经验，在与学习资源的互联过程中建构个性化知识，形成个性化的学习体验。教师需要通过科研、社会服务等开放创新的方式，长期不断地与学生协商和革新课程内容与学习任务，课程教学的转型才能持续和成功。

1.2 多元化的新学习场景

学习全部发生在场景之中，情境主义者认为学习是一个发生在参与性框架中的过程，是分布在合作参与者之间的集体活动，而不是发生在个体头脑中的个人行为。为了提高学习质量，学习过程至关重要；同样，教学环境也非常关键，教学实践取决于教学环境。那么，理想的大学设计教学场景应该是什么样的呢？开放的设计教育必然要以开放的教学为依托，学习的场景设计必然要呈现出变化、流动和不确定性的多元化特征，学生需要在海量的资源中不断吸收、建构、整合和应用超学科知识，以解决复杂的设计问题。

1.讲授式学习场景①

教学的关键目标是让学生积极参与学习。课堂讲课作为传统的主流教学方式，主要以讲述的方式向学生分享知识和经验。专业课的课堂讲授，要讲得有吸引力，必须抓住学科前沿，将学科国内外最新发展动态、最新理论方法与当前的经济社会需求相结合，阐述清晰的观点，增加/激发学生投身专业学习的兴趣和动力。古人是通过讲故事的方式来传授知识和经验，在传播的过程中许多故事演变成神话，人们依靠神话来解释世间万物存在的复杂性。神话故事具有生动性、趣味性，富于哲理，激发听众的思考，在启迪听众的同时能够流传久远。课堂讲课也一样，要能产生好的效果，需要通过精心设计，通常采取的手段有：

（1）制造悬念导入教学内容

通过短视频、提问等方式制造悬念，而不是将全部内容展示出来，让学生产生一种期望。强烈的好奇心是学习的一个重要心理特征，教师要善于抓住这一特征，根据教学内容，精心创设富有悬念的问题情境，激发学生追根溯源的心理趋向，从而使学生产生强烈的求知欲望，调动学生学习的积极性和主动性。

（2）驱动式问题导入教学内容

通过驱动式问题的设计，引导学生自主规划学习计划、收集资料、深入研究，鼓励学生高效分享。要避免过度提供信息，破坏学生探索发现的机会，鼓励自主研究，他们可能会学到许多老师都意想不到的知识。作为学习者，一直听讲而不能打断和提问，是很让人沮丧的；设置驱动式问题，有助于激发学生

① 戴维·索恩伯格.学习场景的革命[M].徐烨华，译.杭州：浙江教育出版社，2020.

的内驱力，让学生可持续地进入沉浸式学习。

（3）联系生活和真实案例导入教学内容

与现实生活和真实案例密切关联，使教学具有浓厚的时代气息和鲜活的现实特征。引入真实的生活，使学生有一种亲近感，引起大学生的情感和思想共鸣，从而激发更大的学习兴趣和学习热情。设计和创新都是很难通过讲课教会的，但通过联系生活和真实案例的导入，可以教会学生像设计师一样思考。

（4）热情鼓舞，充满激情

活跃课堂气氛是提高教学质量的关键，讲课要让学生喜欢，除热情鼓励学生外，还要以激情点燃课堂。一旦上了讲台，就需要进入角色，讲究语言，让自己沉浸于课堂环境，观点阐释和问题解决要有独到见解。教师不能无精打采，要具有激情，保持自己对专业的热爱，用自己的激情去点燃学生的学习热情。教师保持自己对课程的热爱和激情至关重要，要想让学生爱上一门连老师都没有热情的课程是很困难的。

2.社交化学习场景

同龄人在社交场所中，通过对话而非讲课来进行相互学习是十分重要的。基于交谈的学习能力和需求是人类与生俱来的，它很可能就根植在我们整个物种的DNA之中。从建构主义的视角来看，教学也被认为是特殊意义的“社会交往”；而社交环境所拥有的随意性，使老师与学生相互学习，形成真正意义上的“共同学习者”。大哲学家、教育学家马歇尔·麦克卢汉（Marshall McLuhan）甚至提出了一个有些极端的观点，“如果大学都关了，学生和教师直接在酒吧碰面，教学效果可能还会更好一些”。

西方文明是在没有大学教育的情况下实现的。文艺复兴时期艺术三杰之一的拉斐尔（Raphael）在梵蒂冈宗座宫中的精美壁画——《雅典学院》（*The School of Athens*）（图5-1）就描述了生动的社会教化的学习场景。

画中，柏拉图（Plato）和亚里士多德（Aristotle）被一群哲学家围绕着，柏拉图摆出了一手指天的手势，而他的弟子亚里士多德摆出掌心向下的手势，这是一种针锋相对的局面，展示出一幅生动的社交化的哲学辩论场面①。在古典时期，有教师和学生，虽然没有我们今天耳熟能详的大学，但有其独特的社交化的学习场所。近代第一所大学，大约在1088年意大利博洛尼亚创办的。现在这所大学依然存在，学校行政大楼的匾额上写着“The Alma Master Studiorum”（教育之母）。著名小说家查尔斯·狄更斯（Charles Dichens）在拜访了博洛尼亚市之后，曾评论说“这座城市肃穆，学术味浓，还有点令人愉悦的忧郁”，这就是最初的大学城，也就是最传统的场景化的学习场所。今天，包括谷歌在内的很多公司都非常支持场景化的学习，谷歌公司甚至还有一些多人会议自行车，能同时让7个人坐成一圈，在赶往某栋楼参加会议时，人们可以在途中边骑车、边聊天。

图5-1 雅典学院

① 凯文·凯里.大学的终结：泛在大学与高等教育革命[M].朱志勇，韩倩，等，译.北京：人民邮电出版社，2017：19.

设置多种便于交谈的场所对发展社交化学习非常重要。传统的学校建筑（教室、图书馆等）提供的社交学习场景十分有限，餐厅、操场、带储物柜的走廊等都不是促进这种学习模式的环境，传统教学楼的设计本身就抑制了学生交谈的需求。设置多种便于交谈的场所，确保学生有充足的空间和时间对其所学的内容展开深入讨论，创造方便学生自由交流的场景，促使他们可以更多地共同完成某个项目，对设计教学来讲是十分重要的。很多设计概念和创新项目都源于偶然之间的交谈、碰撞和人们相互之间的分享诉求。身处不同学科领域的同事，往往能提供更具建设性的意见，能够碰撞出跨学科的项目和创新。

控制好规模也是发展社交化学习的关键。课堂讲课时，可以拥有数百名甚至更多的听众，但交谈不同，同时真正参与讨论的人数往往不会超过4个。理论模型和观察数据表明，无论一开始讨论组的规模有多大，随着时间的推移，大家都会自动退出大组讨论，重新组成规模更小的讨论组，直到每个小组包含2~3名成员。小组规模的控制，必然会给设计教学的组织、管理和空间条件提出了更多的新要求。

3.反思式学习场景

如果说讲授式学习场景是知识演讲和陈述的场所，社交化学习场景是开展对话的场所，那么反思式学习就是对知识进行认知建构的场所，是借助外部资源（如图书资料、网络信息等），通过自我引导独立完成知识内化的过程。这种认知建构理论由瑞士心理学家、发生认识论的开创者让·皮亚杰（Jean Piaget）首次提出，他认为“虽然知识的来源可以是演讲陈述或者交流讨论，但对其进行认知建构在很大程度上依然是一种个人行为。”认知建构的核心在于，学习者需要对其所习得的知识或技能，在观察的基础上不断进行实验和反思，从而将知识内化吸收。

根据皮亚杰的认知建构理论，一方面，学习是一个积极的过程，亲身经历、犯错及寻找解决方案，对于信息的同化和消化过程至关重要。区别于传统讲课模式中干巴巴地“摆事实”，将知识、内容和技能融入问题，在自我反思中内化，对学习至关重要。另一方面，学习应该是完整、真切的。当学习者以各种方式与经济社会、产业等真实世界互动时，他们会进行认知建构。教学应该关注于整体性学习，而非对单向单独技能的训练。正如吉姆·布雷泽尔（Jim Brazell）所言，“内容所处的背景才是重点，而非内容本身”。在信息爆炸的时代，教学最不需要做的就是将大量的信息填入学习者的大脑中；如何从大量的信息中获取意义，转化成自己的理解和认知，才是教学的关键。将数据、信息和知识转化成理解，并非是一个线性的过程，其间需要经过大量的联想、深入的独立思考和研究，而这正是反思式的学习场景。

在生活节奏如此之快的时代背景下，人们可以安静沉思的时间少之又少，但静心思考对学习而言至关重要，社会的快速发展不能将学习者都变成了“累人”而不是“人类”。虽然实践在学习中确实非常重要，但深入理解知识、内化成自己的想法，才能进一步升华并与他人分享。在现实中，反思式学习是最难得到别人理解的，当你在安静思考某个问题或课题时，可能其他人觉得你是在“发呆”或者根本就没有学习和工作。在传统的教育文化里有一种根深蒂固的观念，认为一个人正在学习的状态，别人很容易就能看出来。这个观念显然是错误的，比如，当你正安静地沉浸在反思之中时，突然有人打断你的思路：“如果你现在不学习的话，我想和你聊点事，你不介意吧?”

为了促进反思式学习，学校建筑在设计时需要考虑多种学习方式所需要的特殊空间，并根据学生学习项目的进度，不断调整更换学习场所和环境。同时，课程教学中，也需要为学生预留一段较长的时间让他们处理某个问题，他们可能会将其中一部分时间用于反思。当他们遇到完成不了的问题时，就会与其他同学一起探讨（社交化学习）。如果还有少量问题解决不了，那么就需要教师进行简单讲解与指导（讲授式学习）。

4.实践学习场景

实践是检验真理的唯一标准，要想深入理解和掌握知识与技能，就需要将知识与技能应用于生活、产业和社会实践中。实践学习场景也称之为构建学习场景，要求学习者将所学的知识投入到有意义的实际应用之中，在制作中学习，在实践中反思。通过实际应用，学习者能够检验和体验自己对所学知识的理解及其深度。根据伊迪特·哈雷尔（Idit Harel）的构造论（Constructionism）观点，在实践学习中，学习者不仅可以通过构造来展示自己所学到的知识，而且可以通过建造、改进并与他人分享的整个构造过程本身进行学习。最有效的学习方式就是构造某个产品的实物，在构造的过程中能够将前面三种学习场景中学到的内容进行联系和整合。这是一种类似于创客（Maker）的教育模式，就如同美国《连线》杂志（Wired）总编辑、长尾理论创始人克里斯·安德森（Chris Anderson）在《创客：新工业革命》一书中所言，“我们都是创客，生来如此（看看孩子对于绘画、积木、乐高玩具或是做手工的热情），而且很多人将这样的热爱融入了爱好与情感之中”[①]。互联网带走了传统制造业所需要的技术、资本等对创造性的压制，实现了生产工具这种重资产与创造性劳动（创客）这种轻资产的分离，使人的创造本能得以释放。

在促进实践学习方面，真实设计任务导向的学习是重要的方式。每学习一项新的内容，学生必须要完成一个作品，解决一个真实的问题。让学生完成有意义的任务、发展深度技能和知识，对学习内容进行计划、实施和反思，尤其是采取真实的设计任务和评价，对学生体验学习的价值、发展个性与独特性、发现自身优势等具有重要意义。现在学生中压抑、抑郁等心理健

① 克里斯·安德森.创客：新工业革命[M].萧潇，译.北京：中信出版社，2015.

康的问题越来越多，绝大部分学生的学习与社会和生活脱离了，在学校里没有找到自己的价值是导致这些问题的重要原因之一。学校的教育应该让学生体验到在专业学习中怎样做是对周围的人和社会有价值的，要促使学生随时随地发现自己的价值所在，不要让年轻人只沉浸在自己的世界里，一定要将专业学习融入产业和经济社会，要解决真实问题。正如小米的管理理念，产品第二、团队第一，要让社会上的用户需求来激励团队[①]，学生也应该以真实产业问题和社会需求来促进学习。

同时，为了促进实践学习的广度和深度，教学的场所不应局限于课堂、实验室和图书馆，应该从学校向社会扩展和延伸。博物馆、艺术馆、展会、设计工作室、手工作坊、企业工厂、商品卖场等都是非常重要的学习场所。教育是一种结构化的、交互式的漫长活动，可以在任何地方发生，而不仅仅出现在那些建立在大学之中的“标准学习场所”。新科技革命和互联网时代，学习的多元化场景正弥漫于学校、企业和社会中，学校应该积极与企业和社会合作，为学生开发多样化的建构式学习场景。

第二节　新的设计教学范式

2.1学习的心理学本质

1.人本主义与建构主义

在强调终身学习的时代，学习型组织、学习型社会、学习共同体、学习型家庭、服务型学习等都是学校、社会、产业甚至家庭等关注的热门话题。在学习活动和组织中，学习过程和学习效果是教学关注的核心，关于“人是如何进

① 黎万强.参与感：小米口碑营销内部手册（珍藏版）[M].北京：中信出版社，2018.

行学习的"这一问题，罗杰斯（Carl Rogers）、皮亚杰（Jean Piaget）等分别从人本主义心理学（Humanistic Psychology）、建构主义心理学（Constructionist Psychology）等角度进行了探讨。[①]人本主义心理学于20世纪50年代提出，代表性人物有罗杰斯和马斯洛（Abraham Maslow）等。人本主义心理学起始于对人类动机的兴趣，强调人的尊严、价值、创造力和自我实现。罗杰斯将人本主义心理学中的"自我实现""移情"等概念推广、演化到教学当中，认为教师不能直接教别人，而只能作为顾问、咨询者帮助学生学习。学习者的背景、经历对其学习方式的选择至关重要；教师与学生应该彼此信任，学习应该在开放、友好的环境中通过互动和谐、自然地发生。教学的真谛和学习的真正意义是"促进学生自学能力和自我发展能力的培养"。

建构主义心理学是在皮亚杰认知发展心理学和维果茨基（Lev Vygotsky）社会互动理论的基础上发展起来的心理学分支。依据建构主义心理学的学习观，知识是建构的，而不是现实的"映像"或"表征"；学生知识的获取不是依赖于教师的传授，而是学习者在一定的社会情境中，通过教师和学习伙伴的帮助，利用先前的知识、经验以及必要的学习资料，通过意义建构的方式而获得的。学生是意义的主动建构者，教师是意义建构的帮助者与促进者，情境、协作、会话和意义建构是学习环境中的四大要素。建构是社会的建构，而不是个体的建构，人格、态度、情绪等心理现象都是社会建构的结果。

人本主义心理学肯定学习过程中学生的主体地位，开启了"以学习者为中心"的基本教学理念；社会建构主义心理学解释了学习过程中知识建构的认识论方式，奠定了"以学习者为中心"的教学根基。主动学习（Active Learning）、合作学习（Cooperative Learning）、翻转课堂（Flipping Classroom）、项目教学法（Project Teaching Method）、案例教学法

① 朱涌河．"以学习者为中心"教学范式的理论依据[J].丽水学院学报，2018（4）：113-117.

(Case Method of Instruction) 等教学模式，正是“以学习者为中心”的教学范式的具体实施方法。

2. 布鲁姆的学习层次理论

根据美国当代著名教育家、心理学家本杰明·布鲁姆 (B. S. Bloom) 提出的“教育目标分类法”，学习的认知目标通常可以分为记忆 (Remember)、理解 (Comprehension)、应用 (Application)、分析与综合 (Analysis & synthesis)、评价 (Evaluate)、创造 (Create) 六个层次 (图5-2)。其中，记忆和理解代表着低级学习能力，应用属于过渡区间，分析、综合和评价属于高级学习能力，创新是关键的高级学习能力。

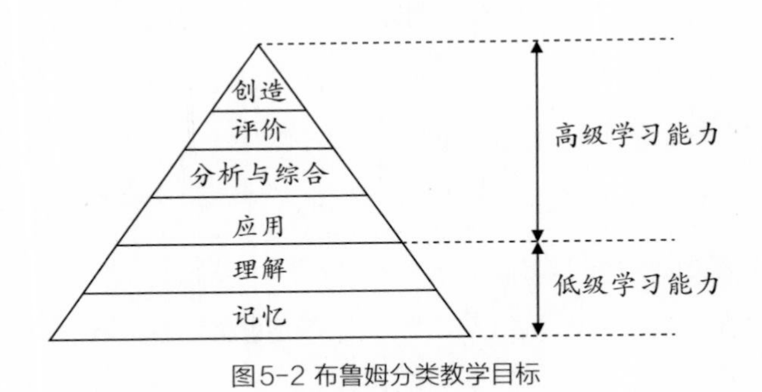

图5-2 布鲁姆分类教学目标

知识是学生学习的资源，通常包括事实性知识 (学习课程或解决问题必须知道的基本要素)、概念性知识 (整体结构中基本要素之间的关系，包括分类、原理、理论、符号、模式与结构等)、程序性知识 (即“如何做事的知识”，包括流程、技能、方法等) 和反省性知识 (包括认识和自我认识的知识等)。学习的认知过程包含了记忆、理解、应用、分析与综合、评价、创造等一系列认知层次，认知水平一般遵循从低级到高级发展，难度不断增加。另外，根据布鲁姆目标分类，学习除了认知目标，还包括动作和情感目标，前者主要专注于动作技能的学习，如知觉、机械动作、复杂的外显反应、适应、创新等，后者主要关注于价值 (态度)、兴趣、爱好、欣赏等，布鲁姆认为任何知识、动作或技能、行为习惯都离不开一定的价值标准。

3.库伯的经验学习圈理论（Experiential Learning Cycle）

美国教育家、社会心理学家、著名体验式学习大师大卫·库伯（David Kolb）在总结约翰·杜威(John. Dewey)、库尔特·勒温(Kurt Lewin)和皮亚杰经验学习模式的基础上，提出了经验学习圈理论。经验学习过程是由四个适应性学习阶段构成的循环结构（图5-3），包括具体经验、反思性观察、抽象概念化、主动实践。

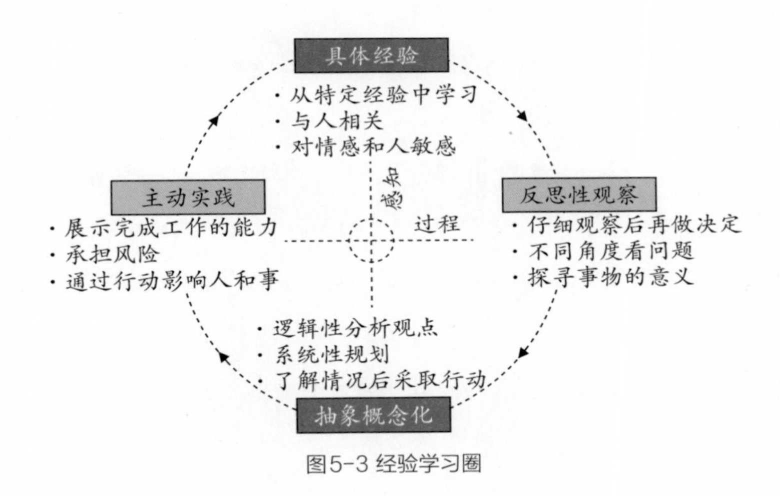

图5-3 经验学习圈

（1）具体经验（Concrete Experience）：学习的起点或知识的来源，让学习者投入一种新的体验，可以是直接经验，也可以是间接经验。

（2）反思性观察（Reflective Observation）：对已获经验进行回忆、分析、整合、分享等，把碎片化的“经验”进行归类和条理化。

（3）抽象概念化（Abstract Conceptualization）：联想和结合已有的理论框架，对获取的经验进行升华和符合逻辑的理论化。

（4）主动实践（Active Experimentation）：学习者通过实践验证理论，运用知识到制订策略和解决问题中去。

学习过程有两个基本的维度，第一个称为领悟维度，包括两个对立地掌握经验的模式：直接领悟具体经验和间接理解符号（概念）代表的经验。第二个称为改造维度，包括两个对立的经验改造模式：内在的反思和外在的行动。有效的学习过程都应该遵循学习圈理论，领悟和改造缺一不可，学习是不断的经验领悟和改造过程，学习者的知识和能力在这个不断循环的过程中得以增长。同时，根据学习圈理论，学习还具有两个方面的特征：

一是学习者在“学习风格”方面存在差异性。由于每个人的内在性格、气质、生活与工作阅历、知识背景等存在“差异性”，从而导致每个学习者具有不同的“学习风格”。学习风格大致分为四类：经验型学习者、反思型学习者、理论型学习者和应用型学习者。库伯认为，四种学习风格相互之间是互补的，不存在优劣之分，在设计教学的设计过程中，应充分考虑学习风格的差异性和互补性。

二是集体学习比个体学习的效率高。集体崇尚开放式的学习氛围，反对把学习看作孤立和封闭的行为，倡导学习者（特别是不同风格学习者）之间的交流与沟通，重视学习者之间相互启发、分享知识。集体学习的学习模式更有利于知识的生产、迁移、整合和传播。

4.学习的心流理论

根据米哈里・赞特米哈伊（Mihaly Csikszentmihalyi）提出的心流理论，如果课程教学内容的挑战难度大大超过学生的技能水平，就会引发学生的焦虑；如果学生的技能水平远远超过挑战的难度，学生就会感到无聊。只有当学生的技能水平和教学内容的挑战难度彼此不相上下时，学生才会进入心流状态，即最佳学习状态（图5-4）[①]，这种状态是通过内驱来实现的，是可持续的，满足终身学习的需求。不论是在课堂上，还是在校外，学生都可以体验到这种沉浸式学习的心流状态，主动积极地参与教学活动。

---

① 戴维・索恩伯格.学习场景的革命[M].徐烨华，译.杭州：浙江教育出版社，2020.

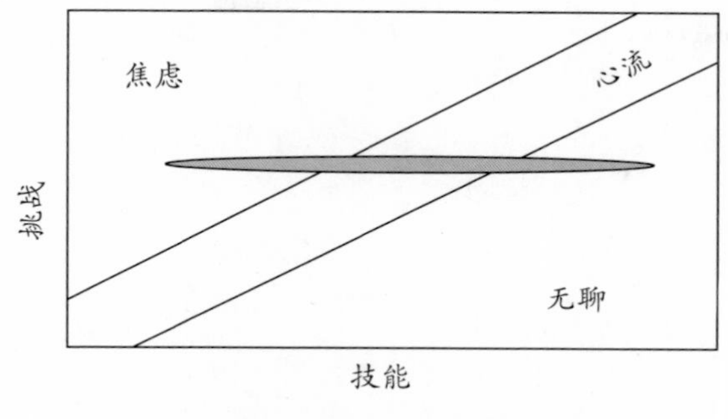

图5-4 技能——挑战图1

传统课堂教学方式以讲课和技能传授为主，在这种情况下，挑战的难度由教师一个人设定，如图5-4中细长的椭圆形。面对这种固定难度的挑战，一些技能水平差的学生可能会变得焦虑，一些技能水平较高的学生则会觉得无聊，只有那些技能水平和这个固定的挑战难度相匹配的学生才可能体验到心流的状态，也只有对这些学生来说，传统教学模式的效果可能比较好。由此可见，传统课堂教学方式难以适合大多数学生的学习需要。

倡导以学习者为中心，强调设计思维方式，超越学科理解、整合和应用设计知识，就需要寻找一种教学模式，一种能够让所有的学生都能进入到心流状态，这种教学模式就是任务驱动的探究式学习（Inquiry-driven, Project-based Leaning），即项目制学习。哥伦比亚大学的威廉·基尔帕特里克（William Kilpatrick）将这一学习方法定义为“有目标的行为”，并认为目标提供了学习的动力，使人们主动创造和迎接挑战，努力寻找解决方案，一步一步地引导整个项目走向最后的预期结果。在这个任务驱动的过程中，自我挑战能够将学生带入挑战难度和技能水平处于平衡的最佳状态，从而持续进入心流状态，如图5-5所示。教学的关键目标是让学生积极参与学习，学校以及教师需要为学生创造优质的学习环境，以难度合适的挑战吸引学生参与其中，并让学生进入心流状态。

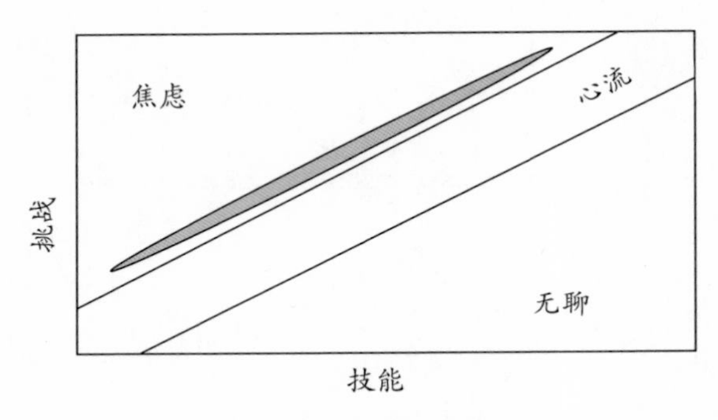

图5-5 技能——挑战图2

5.设计教学的范式变革

美国学者 L. 迪·芬克提出，大学的课程设计应该为学生“创造有意义的学习体验”，大学教学的范式应该从“知识和技能传递型”转向“知识和能力建构型”[①]。从认知科学的视角辨析，这两种教学范式具有根本的差异，前者属于行为主义认识论，其教学观是“记忆·再现型教学观”，认为学习是刺激与反应之间的联结，强调教师对学生知识的灌输、对观念和行为的塑造（如设计教学过程中对草图的训练），强调学习过程中知识表达的逻辑性和系统性，注重训练对知识的快速规范记忆和归纳，强调答案的一致性和学习者之间的竞争性。后者属于建构主义的认识论，其教学观是“理解·思维”型教学观，强调“知识、能力的情境依存性和社会建构性”，认为学生是知识与能力积极的建构者、发现者和改造者。强调学习过程中知识表达的叙事性、师生共同对知识进行建构和探究，重视教学过程中的交流、合作、表达、分享，以及通过合作学习解决问题，尊重学习者的个性化和多样性，注重培养学生在宽泛环境中的终身学习能力。亦有学者将大学教学模式分为两类，即个体化模式和社会交往模式。前者类似于传统的“知识和技能传递型”，它强调教学主要取决于固定的学习材料（如教材、教辅材料等）和学

① 李国强，周发明，等.大学教学范式的变革：内涵、困境与应对策略[J].湖南人文科技学院学报，2020（6）：96-104.

习工具（如计算机、实验设备等）；后者强调教学主要取决于师生之间的人际交流而产生效果的模式，如讲授模式、小组讨论模式、同伴教学模式、实践教学模式、小组教学模式等。

从整体上看，教学范式变革的目的是打破传统的“以教师为中心”“以知识体系为导向”的教学模式，转向强调“以学习者为中心”，突出学生主体地位的教学模式，实现了教学范式由“内容为本”向“学生为本”、由“传授范式”向“学习范式”的根本转变。在教学活动中，强调学习动机的激发、知识的建构与应用、终身学习素养的培养；教学的评价方式上注重多元化和成果导向。成果导向的教学实践在本质上是价值创造、价值增值的实践，根据迈克尔·波特（Michael E.Porter）的“价值链”理论，价值创造是通过一系列关联的基本活动和支持性活动构成的。就一个具体的学生而言，其学习产出成果与学前禀赋、动机与个人投入、学习能力、学习资源及其利用方式、教师指导等要素紧密相关。在教学过程中，合理组织、利用和配置这些要素，使之产生协同效应，是教师教学的重要任务。

2.2 设计教学的新范式

1. 合作设计教学

随着新科技革命的快速推进，设计教育的主要目标是将学生培养成为适应性强的终身学习者。为不断变化的产业、社会经济和职业需求做好准备。合作是认知发展的必要先决条件之一，合作学习（Cooperative Instruction）是当代主流的教学理论和教学策略之一，对构建知识系统和改变内在智力技能具有非常重要的意义。合作教学是以学习小组为基本形式，系统地利用教学中动态因素之间的互动，促进学生的学习，并以团队成绩为评价标准，共同达到教学目标的教学活动。

与合作学习类似的概念有协作学习、同侪学习（Peer Learning）、基于问题的学习（Problem Based Learning）、基于团队的学习等。其中，“协作学习”“合作学习”和“同侪学习”是使用频率较高的术语，三者都强调使用小组来加强学习，从“团队精神”和学生与学生互动着手，培养相互依赖和个人责任感。但三者也有一些区别，合作学习更倾向于结构化，通常采用一些附加实践，如团队建设活动、角色分配、教授社交技能、团体结构和观点交流等。协作学习更倾向于自我管理，以一种不太正式的方式使用这些技术。同侪学习是“学生以正式和非正式的方式相互学习”，同侪学习不同于同侪辅导（将成绩优异的学生与成绩较差的学生在一对一的环境中配对），参与者彼此之间没有特别的控制权。

在合作学习中，学生们乐于向同龄人寻求建议，并在课堂上分享学习经验和为别人提供帮助。通过“学生教学生”的方式，使学生在互相帮助完成学习任务时主动学习。同时，在与同龄人交流信息时，他们成为学习过程的积极组织者和参与者，在教师和学习者的角色之间交替，学生在合作、倾听、信息理解和沟通等方面的能力得到发展和加强；学生们讨论、争辩、表述以及倾听他人意见的机会是合作教学的重要成分。正如美国实用主义教育家杜威（John Dewey）的观点，专业教育应该包括了“学会尊重他人和理解他人，学会和别人一起工作”。教学组织中，应该为学生提供获得别人认可、接纳和对别人产生影响力的机会，促进学习的意愿。合作学习往往涉及两个不同的社会过程：规划与尝试阶段、做出结论阶段。前者以相互指导和相互鼓励为特征，同伴通常充当互为补充的问题解决者的角色；后者以论证和争辩为特征，平衡认知冲突，达成一致意见。为了充分发挥合作式学习的潜力，教师可以通过一些流程和方式来设计与建立教学模式，比如共同学习目标的制订、学习任务的分工、学习资源的共享、角色分配与扮演、团队奖励等。对合作学习研究的结果表明，以团体为单位工作的学生在知识发展、思维和社会技能、课程满意度等关键领域的表现优于同龄人。通过合作学习，学生表现出了高度的自信和自尊，自我价值得到实现，集体和组织观念得到加强，学习动机和对待课程的态度都会进步。

合作式设计教学不仅体现在学生的学习维度，还体现在教师的教学维度。合作教学有助于提高教师的整体素质和学生的综合素质，达到双赢目的，促进教师专业的共同发展[①]。教学活动是群体活动，教师间相互督促、相互激励、取长补短，坦诚地交流观点，能够发挥集体智慧的力量。教师在研讨中得到启发，互动发展，达到群体素质共同提高的目的，从而形成合作型教师文化，加快青年教师的成长。合作型教师文化是学校在长期实践中积淀而形成的，是影响学校教师合作学习的一个重要因素。正如索麦克（Somekh）教授认为，阻碍教师职业发展的最主要因素是教师间的彼此孤立，所以学校应该设法建立起教师间相互支持与共同工作的学校文化[②]。

培养与人合作是当今设计教育的核心目标之一，合作能使教师和学生从多个角度去思考问题，同时增强与人沟通、适应社会的能力。美国组织理论、领导理论大师沃伦·本尼斯（Warren G.Bennis）认为："在人类组织中，愿景是唯一最有力、最具激励性的因素，它可以把不同的人连接在一起。"共同愿景是指组织中所有成员共同的、发自内心的意愿和愿望，是激励组织中各成员不断努力学习的动力源泉。在共同愿景中开展教学，师生共同分享教学成功带来的喜悦，体会同事间的温暖、师生及学生之间的友爱，从而增进教师间、学生间、师生间的友谊，培养教师与学生的团队合作精神，增强凝聚力，进而驱动教学活动的持续创新。

2.项目设计教学

美国项目管理协会（Project Management Institute，简称PMI）在其出版的《项目管理知识体系指南》（*A Guide to the Project Management*

① 肖正德，王荣德，吴银银.大学课堂教学组织与管理[M].上海：上海教育出版社，2020.

② 饶建维.教师专业发展：理论与务实[M].台北：五南图书出版公司，1996:268.

Body of Knowledge）中对项目的定义是："为了创造独特的产品、服务及成果而在一定的时间内实施的工作"，即"在一定的时间内为了实现某种特定的目的而进行的活动"[①]。布朗（Brown）认为，项目是将想法由概念变成现实的工具，每个项目都有目标愿望、时间限制和各种资源与约束，正是这些明确的制约条件使其牢牢扎根于现实世界，这对维持高水平的创造力至关重要。战略管理思想家罗杰·马丁（Roger Martin）特别强调项目导向型组织结构的重要性，即围绕特定目标和时间限制、组成跨部门合作的项目团队，攻克专项难题，推动重新穿越知识漏斗[②]，实现有效创新。在以愿景为导向下的项目设计教学中，项目目标的设定和本质把握能力的训练非常重要。项目目标的设定对设计教学的组织非常关键，结合管理学原则，项目目标的设置可以采取SMART（即Specific、Measurable、Achievable、Rel-evant、Time-bound）法则[③]。具体要求如下：

（1）目标必须是具体且清晰的，无须详细解释。

（2）目标必须是可以衡量的（有判断目标是否实现的客观标准）。

（3）目标必须是可以实现的。

（4）目标要反映人的积极追求（例如幸福是一个宏大的目标）。

（5）目标需具有明确的时间期限。

在设定好项目目标后，项目设计教学管理的第二个核心因素是"把握本质的能力"。在产品设计和创新中，旧的经验和模式在变革时期经常会失效。正确理解、周密思考目前正在发生的事物，不被事物的表面现象所迷惑，从因果关系而不是相关性的角度定义问题和定义产品，是设计项目教学训练的核心内容。

设计项目通常是由具有差异化的团队而非个人负责，从而在解决项目问

---

① 许新华.项目工作室制人才培养模式理论与实践[M].北京：科学出版社，2020：44-45.

② 根据罗杰·马丁的观点，人们认识新事物或者创造新知识一般要历经三个阶段，即发现并探索谜题、聚焦并得到启发、解题并形成模式，这一过程即为穿越知识漏斗。

③ 米泽创.项目管理式生活[M].袁小雅，译.北京：北京联合出版公司，2019.

题的过程中产生优势互补效应。因此，以项目为基础的设计教学方式，自然会强调团队的协同与合作；在项目教学过程中，应该尽量让客户（企业）或用户（消费者）加入，他们可以接触一系列的技术供应链和方案原型，参与到反复修正的过程，有助于推进有效的设计创新。

在产品设计项目课程的教学中，不可避免地包含了技术的要素，如软件的使用技巧、数据的统计分析、技术原理与模块的构建等。对于技术的教学，通常的方式有两种：（1）与项目一起纳入设计课程（慢慢导入软件、数据统计与分析、材料、技术原理等内容）。（2）与项目设计课程分开（独立学习软件、数据统计与分析、材料、技术原理等技术课程，不与课程项目相联系）。调研结果显示，100%的学生选择在项目课程中介绍和学习技术。在完成设计项目的同时，学生也能自如地个性化地选择学习技术。但在单独开设的技术课程中，不能体验到合作学习的氛围和学习成果的价值。应对“如何才能最好地整合和利用技术?”这一挑战性问题，最好的方式就是取消或精简以技术为中心的独立课程，将技术与项目设计课程教学结合，在项目设计实践中完成技术内容的学习。这种方式既能为技术的学习创造一个积极参与的学习环境，还能减轻技术教学的负担，使教学更关注于以解决问题和创造价值为目标的设计思维训练与项目实践训练。

3.STEAM教学

在美国兴起的STEAM教育，就是一种典型的项目导向的教学。STEAM代表科学（Science）、技术（Technology）、工程（Engineering）、艺术（Arts）、数学（Mathematics），是集科学、技术、工程、艺术、数学等跨学科融合的综合教育，而非这些科目的简单叠加。STEAM教育以培养学生的探索精神和创新能力为目标，强调学生应该在实践活动中完成和实现与生活有关的实践项目，并利用产品创新等形式对社会进行服务。在教学过程中，STEAM教育一般遵循问题导向的学习（Problem-based Learning,

简称PBL）原则，鼓励学习者通过运用批判思考、问题解决技能和内容知识，去解决真实世界的问题与争议，具有如下典型特征：

（1）超学科性：强调不再过于关注学科界限，重点不是特定学科知识而是特定问题；

（2）趣味性：强调学生获得分享中的快乐感与创造中的成就感；

（3）体验性：强调学生动手、动脑、设计、建构、发现、合作等学习过程；

（4）情景性：强调选择、整合知识应用于丰富的生活；

（5）协作性：强调通过超学科团队协同解决问题；

（6）设计性：强调通过设计促进知识的融合与迁移运用，通过作品外化学习的结果、外显获取的知识和能力；

（7）艺术性：强调在教学中增加学习者对人文社会科学的关注与重视；

（8）实证性：不仅要注重科学的实证性，更强调对跨学科问题或项目的探索，培养学生向真实生活迁移的科学精神和科学理性；

（9）技术增强性：强调学生要具备一定技术素养，了解技术应用和技术发展，具备分析新技术如何影响自己乃至周边环境的能力。

4.案例教学

学者科瓦尔斯基（T. J. Kowalski）认为，案例教学是一种以案例为基础来进行研讨的教学方法。案例教学是设计专业中比较先进的一种教学方法，有助于学生快速掌握知识和设计的技术。为学生提供典型的设计案例，在组织学生分析、研究、分组讨论设计案例的基础上，培养学生对过去优秀设计案例开展研究的能力。学生通过在案例研究中寻找问题和知识，运用类比思维迁移场景和问题，从而获取创新机会，这是设计案例教学的典型方式。为工业设计教学提供有效的设计案例非常关键，通常需要在与产业或社会合作或工作的过程中，积累、研究和编写设计案例。与其他研究方法相比，工业设计案例研究更适用于以下三种情形[①]：

（1）主要问题为“怎么样”“为什么”；

（2）研究者几乎无法控制研究对象的相关因素（如老年人的生活方式）；

（3）研究的重点是当前真实生活情境中的设计现象（如疫情防控下独居老人的生活方式）。

案例研究是获得教学案例的重要途径。案例研究是一种实证研究，适合用于研究现实生活环境中正在发生的，但无法对相关因素进行控制的，可以直接参与过程观察的事件，待研究的设计现象与其所处环境背景之间的界限并不明显。同时，需要事先提出理论假设，以指导资料收集和分析，减少研究工作量。案例研究可以获得多种渠道的广泛资料，如文件档案、物证、访谈、观察等，还能从不同角度进行审视、分析和开展交叉研究。在设计教学中引入案例研究，有助于解释和探索现实生活方式中各种因素之间假定存在的因果联系（假设的溯因推理方法正是设计思维的核心特征），这种因果联系非常复杂多变，以至于用实验、调查或理论知识都难以清晰解释。同时，案例研究有助于描述现实情境中变量比数据点还要多的特殊情况。

约翰·杜威（John Dewey）提出：“我们怎样思考往往比我们思考什么更重要”。聚焦个体知识和技能培养的传统设计教学模式难以满足融合创新的需要，设计学习既是个人行为，也是集体协作，需要彼此讨论、相互交流、共享信息、协同创造。在设计实践课程教学中，需要以设计任务为驱动，培养学生在开放的环境中通过协作自主获取、迁移、构建、整合和运用跨学科知识的技能。这些技能不仅包括认知技能，还包括“非认知技能”，如观察、发问、交流、团队合作、社交等。同时，在教学活动中需要逐步引导学生养成自我认识、自我发展、自我完善、自我管理的思维范式，塑造和

① 罗伯特·K. 殷. 案例研究：设计与方法[M]. 周海涛，史少杰，译. 重庆：重庆大学出版社，2017.

锻炼乐观包容的生活态度、严谨求实的科学品格、创新创业的工匠精神和社会服务责任。

第三节 设计思维能力的培养

3.1设计思维的内涵

工业设计师不仅设计商业产品，还通过应用“设计思维”（Design Thinking）设计用户体验、过程和系统。新科技的普及促使产品变得更加智能化，为了解决复杂性带来的挑战，设计思维要求工业设计师在不同的团队中工作，一个典型的新产品开发团队可能包括工程师、设计战略家、市场营销人员、人类学家、设计师，以及软件设计师和开发人员等。

设计思维由罗维（Rown）于1987年首次提出，1991年设计思维研讨会（Design Thinking Research Symposium）正式开启了设计思维的学术议题。设计思维主要聚焦“设计师在解决复杂棘手问题（Wicked Problem）时的内部情境逻辑、有效策略和决策过程”，以及“专业设计师构架和解决问题的思路与方法对企业创新和社会创新的价值”[①]。随着 IDEO 设计公司的应用实践和斯坦福设计学院（D. School）的推广传播，设计思维在全球快速普及和发展。在设计领域，IDEO 提倡的设计思维作为创新设计范式，广泛应用于产品设计、建筑设计、交互设计、服务设计等领域。在非设计领域，设计思维被认为是解决“棘手问题”的有效策略，广泛应用于专注解决复杂、棘手问题的学科领域，如商业、医疗健康、教育、企业和组织管理等。

---

① Lucy Kimbell. Rethinking Design Thinking：Part I[J].Design and Culture, 2011（3）：285-306.

设计思维是一套整合了人文、商业和技术等要素的创新探索的方法论系统，在应用和发展的过程中其内涵不断丰富和延伸。从逻辑上看，不同的理论范式对设计思维有不同的理解。代表性的解读有露西·金贝尔（Lucy Kimbell）三分法，即设计思维主要有三种理解：设计师解决问题的认知方式、设计的一般理论、企业的组织资源①。

1.设计思维作为设计师解决问题的认知方式

设计思维作为设计师理解设计实践任务的工具和寻求创意来源、探索设计方案的思维方式和过程，帮助设计师建构和解决设计问题、创造出更多价值。设计创新的过程往往面临“杂乱的问题情境”，很难直接应用科学知识或艺术经验去解决，设计师需要在不确定的、不稳定的和价值冲突的情境中认知和建构知识，通过非线性迭代的设计过程将问题转化为机遇。对于为全球客户不懈追求新市场、新产品和新价值创造的设计产业活动而言，在新的发展阶段其本身正在被重塑。

与以技术或组织为中心的活动相比，实践设计思维是一种以人为中心的活动。这种方法论的基础是同理心，设计师愿意并且能够理解和解释终端用户的观点和他们所面临的问题。从服务对象的最根本需求出发，通过跨学科团队的合作将问题和挑战转化为创新的机遇，并通过快速设计原型及反复测试与迭代来寻找有效的解决方案，整个过程是一个不断迭代的过程，并通过可视化的工具和原型帮助跨学科团队一起探索和决策。从洞察用户需求、到构建解决方案、再到原型的验证测试和反复迭代，整个过程会全面考虑和平衡人的需求、技术可行性和商业可持续性，以期获得真正有效的商业创新。

一般来说，当问题或机遇尚不确定，人们需要突破性创意或概念时（比如开辟新市场），就是应用设计思维的最佳时机。在新产品开发背景下，设

① 楚东晓，李锦，蒋佳慧. 从定性方法实践到定量过程认知：设计思维研究的现状与进展[J].装饰，2020（10）：88-92.

计思维最适合用在变化较快、用户需求不明确的市场中，比如中式饮食健康烹饪设备的新兴市场。同时，设计思维也常用于在成熟市场中寻找新的潜在需求和进行大幅度或激进式创新；解决方案可循环利用的可能性很低，但思维方式可以循环利用和有效利用。设计思维是探索、开发和测试一种新想法时所采取的低风险行为，有助于设计师避开经常遇到的一种创新窘境：在设计某种具体的解决方案时，过早投入过多资源。

2.设计思维作为设计的一般理论

20世纪60年代后期，西蒙率先提出设计科学，认为设计是一种思维方式，关注创造新事物，其他学科则只是处理既存的事物。专业设计师扮演着越来越重要的角色，“如果……会怎么样?”是设计师设想未来情景的思维方式。设计师不仅仅是现有产品形式的创造者，还是跨文化的诠释者，或者是跨学科团队的“黏合剂”，通过创新解决问题。1973 年，霍斯特・里特尔（Horst Rittel）首次提出“设计是对棘手问题的关注与探索”。作为解决棘手问题的设计思维在研究中呈现出普遍适用性和跨学科特性。

一般认为，“棘手问题”不同于科学的“良好问题”，良好问题具有清晰的初始状态和明确的目标，可以通过简化模拟、抽象分析、任务分解、线性推进为特征的应对手段操作和解决，过程是可以重复的。而棘手问题中知识不确定性、价值多元性与制度复杂性三种要素交错重叠，对目标状态没有清晰定义，不确定的解决过程和多个相对满意的目标解，解决问题的认知操作是难以清晰陈述的，不能完全重复。传统科学和技术方法难以应对复杂的“棘手问题”，结合里特尔、韦伯、克罗斯的建议，对棘手问题的解决应遵循下列原则：

（1）无知对等。参与者对问题的理解是主观的，他们的意见来自观察问题的立场。由于立场的不同，无法马上判断出谁的意见是正确的，谁的意见是错误的。对设计师来说，提出问题、解释问题比提出解决方案更重要。

（2）制订目标。处理棘手问题需要参与者对目标和行动达成共识，设计师处理棘手问题的过程是不断与参与者解释、交流和争论的过程。

（3）跨学科协作。设计是参与者合作的过程，设计过程应该透明，每一个步骤都应该是可理解和可交流的（如可视化表达）；个体很难掌握问题的所有变量（现有的和未预见的），最终的方案是参与者共同参与的结果。

（4）溯因推理。设计并非不运用人们熟知的演绎推理和归纳推理，但棘手问题的设置不是一个科学化的过程。科学关心的是“是什么”，设计关心的是“应该是什么”和“目标是如何实现”，溯因推理是设计师处理设计问题常用的思维方式。

（5）适度乐观。设计师是有助于提出问题、解释问题和解决问题的人。设计是对话、争论、修辞和协商的过程，是处理棘手问题的唯一途径。

3.设计思维作为一种组织资源

设计思维作为一种思维方式，是可以被任何人而不仅限于设计师所掌握的。在过去十年中，设计思维嵌入组织中，广泛应用于商业与企业管理、社会创新、教育改革中，许多企业和组织都不断地提升设计在组织中的地位。设计实践的主要舞台并不是商业而是组织，每个组织都面临着同样的基本挑战：如何发展并提供与人相关的且有价值的服务，以及如何最大限度地利用各种资源实现这一点。这本身就是一个设计问题，它涉及组织结构及其资源、流程、任务、愿景或目的[1]。麦肯锡2020年发布的调查报告显示，过去五年来，前百强公司中有40家雇用了首席设计官（CDO），设计师已经进入企业最高管理层，并将设计思维注入企业组织和业务的各个方面，与CEO和首席营销官们一起做战略决定。作为一种以人为本、具备普遍适用性及跨学科、跨领域的方法，设计思维能够嵌入组织，为众多领域日益复杂的问题

① 约翰·赫斯科特，克莱夫·狄诺特，苏珊·博慈泰佩.设计与价值创造[M].尹航，张黎，译.南京：江苏凤凰美术出版社，2018.

（如医疗保健、疫情防控等）提供有效的解决方案，并以多种方式激发创新。全球范围内的教育学者和企业管理者也开始致力于运用设计思维，培养学生和员工的创造性思维能力、跨界合作能力、创业精神等。

众多学者和企业家、创新者都在从理论和实践维度，探索设计思维在不同领域组织中的价值和应用。IEDO创始人蒂姆·布朗（Tim Brown）著有《IDEO，设计改变一切：设计思维如何改变组织和激发创新》一书。布朗认为若要真正提升组织的创新能力就必须将设计思维带入战略谈话中，提高设计思维在组织中的使用数量和地位。多伦多大学罗特曼管理学院院长罗杰·马丁（Roger Martin）著有《商业设计：为什么设计思维是下一个竞争优势》。马丁关注组织系统，认为设计思维结合了诱导、归纳和演绎推理，能给企业带来可持续的竞争优势，有助于创新的成功，使企业管理者能够从选择方案转变为帮助他们产生全新的概念。

用设计思维获得创造力已成为商业组织机构成功的关键因素。运用设计思维，有助于企业产生更高价值的产品和服务、更好的流程、更有效的市场营销和商业模式、更低的材料成本、更简单的结构等。许多企业希望通过设计思维来帮助他们在全球市场中进行变革、创新、差异化和竞争。HP（惠普）公司一直致力于将设计思维全面嵌入战略体系中以解决不同的商业问题。在设计思维出现之前，设计或许仅仅是为了让产品更好看或者更好用；但设计思维出现之后，设计很快进入了商业组织的战略与管理的核心层面，开始用来解决组织战略、社会发展等问题。

3.2特征及其培养方式

工业设计工作的超学科性质，在人才培养过程中，除了关注产品的制造、市场等因素外，还会涉及人类学、战略思维、系统观念和企业家精神等。大学的课程需要结合项目，将设计思维应用到商业和其他实践领域，培养学生基于愿景的设计创新能力。设计思维作为融合创新和价值创造的驱动力，需要融合到各门设计课程和课内外设计实践环节之中，通过合理的项目设计、流程组织与管理实现人才的培养，其培养的核心思维能力包括设计思维框架与迭代思维、问题定义能力、溯因推理与溯因洞见能力、视觉化、共情化、概念构思能力等。

1.设计思维框架与迭代思维

框架和迭代描述了设计思维的基本逻辑和流程。设计思维是一种解决问题的创新方法，用于确定和创造性地解决问题的系统化的协作方法，主要包括两个阶段：确定问题和解决问题。两个阶段同等重要，对创新性的任务而言确定问题甚至更为重要；但在实际操作中，设计师往往更注重解决问题。在具体项目的运用过程中，设计思维是一种非线性流程，通过“发现、界定、创造、评估”四种模式的迭代来确定和解决问题（图5-6）。设计思维是一种迭代方法，而不是一系列固定的步骤，所以通常用“模式”而不用“步骤”来描述。模式的迭代是设计思维重要特征，确保了设计结果的开放性。

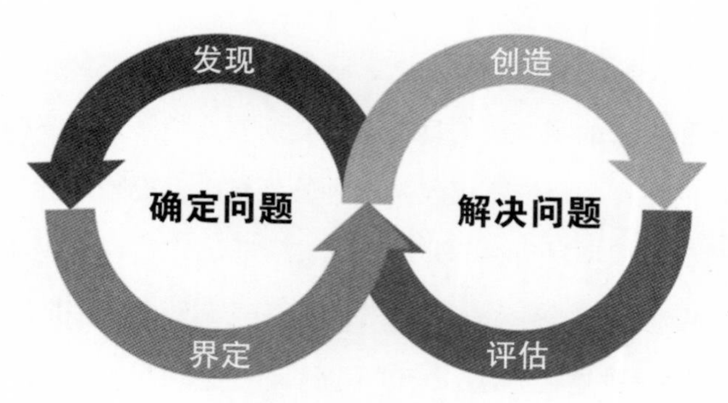

图5-6 设计思维框架图

（1）发现

发现又被称为客户洞察，其目的是扩大对客户的了解，开放式地探索客户显性需求和潜在需求，包括他们的想法、感觉、体验和需求。面对那些解决难度大、需要开展突破性创新的设计任务，许多产品创新团队都面临“迷失在众多的产品和技术中”这一挑战，而发现正是突破性创新的开端。

（2）界定

界定的目的是筛选客户需求，选定特定需求作为最终问题进行解决。在这一阶段，项目团队应该已经掌握了足够的有关客户，以及客户所处环境的综合信息，但需要筛选和确定最具潜力、最值得接下来的阶段继续开发的需求和洞察，并以“问题定义”的方式对需求和洞察进行说明和阐释。

（3）创造

创造模式的目的是开发一个或一套可以与目标市场分享的概念，从中获得反馈，然后经过迭代进行不断完善。为了获得客户最优质的反馈，往往需要借助概念原型进行辅助。构建原型是设计思维的关键部分，也就是实施环节，将最好的构想变成可供测试、优化和改进的实际产品或服务。一个好的概念原型不仅可以给客户带来实实在在的体验，并且在此基础上进行反馈，也为设计者提供了一个观察客户实际行为的机会。

（4）评估

评估的目的是通过对原型的测试，收集和分析有关概念原型，以及其中所涉及的想法和设想的多方面的反馈，为验证假设和修正方案提供依据。评估并不是项目的终点，反馈不仅仅是一种验证机制，更是一种学习机制。利用反馈可以对概念原型进行进一步的迭代和完善，也可以产生新的洞察和原型，甚至可以重新提炼问题和用户需求，找到更精准的创新机会点。

设计思维是一种迭代方法，通过不断验证、思考、完善和迭代，最终得到商业、技术、用户需求之间平衡的创新解决方案。迭代的次数取决于项目本身，而且很难在项目的初期确定，而是基于项目目标、限制及进度来综合判断。传统的“阶段—关口流程”[1]逻辑清晰、便捷高效；而设计思维却没有明确界定使用各个模式的时机、程度和顺序。初次接触设计思维的设计者有时会茫然无措，但在合适的情况下，设计思维的灵活性会提高创新性解决方案出现的概率。设计思维的这种特点，有助于增强学生解决复杂问题的勇气，培养学生解决复杂设计问题的基本逻辑、韧性的能力。

2.问题定义

问题定义是解决复杂设计问题的难点所在，也是设计思维培养过程中的核心环节，是设计过程中洞察能力、逻辑思维与抽象思维整合的培养过程。问题的本质是事物的矛盾，问题定义就是揭示矛盾的本质属性和特征。设计问题是棘手问题，具有不确定性、价值多元性和复杂性等特征，在设计简报或设计任务中往往没有清晰定义。在产品设计中，通常认为用户是价值创造的出发点和归属点，如果将用户在特定日常生活情景中想要完成的任务、追求的进步和体验作为产品创新的目标，那么在完成任务和追求进步与体验的过程中遭遇到的挑战和阻碍就是设计需要解决的问题。设计问题的定义不是简单地从调研等过程中收集到的问题进行有限的选择，而是需要对已有问题进行反思、分析、联想、整合、抽象和推理，清晰界定和阐释设计问题的本质、重点和难点。

设计问题往往具有开放、复杂、动态和网络化的特征。正确地定义问题，是设计师高效解决问题的唯一有效方式。表达清晰简练、重点明确的设计问题可以激发出新的能量，有助于设计师高效且有序地找到突破性的解决方案。在产品设计中，大多数企业都不能很准确地界定问题，容易错失机会、浪费资源和效率低下，或者提出的解决方案难以与战略目标保持一致。

①阶段—关口流程（Stage-Gate System，简称SGS）：亦称门径管理流程，即新产品开发过程由若干个阶段与关口构成。阶段即产品开发流程中的一个确定区域，每个阶段的内容包括一系列活动、综合分析、可交付成果等。关口是产品开发流程中的一个确定节点，作为质量控制检测点、通过/终止决策点或优选决策点，对前一阶段的交付成果做出有关项目未来的关键决策。

很多设计项目做到一半，才发现着力解决的问题不重要或不可能实现，既浪费资源和时间，还影响项目团队的士气和兴趣。那么如何正确定义问题呢？在接到设计任务后，要判断和定义真正的问题，通常可以借鉴西蒙·斯奈克的黄金思维圈理论，即“What—How—Why”的思考方式，从表象问题、问题本质和核心问题（真正问题）三个维度来定义设计问题（图5-7）。

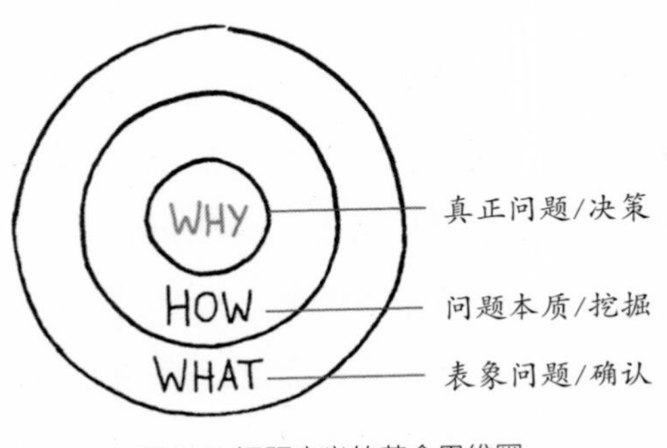

图5-7 问题定义的黄金思维圈

（1）表象问题：质疑与确认

在开始行动之前，需要全面了解问题/需求的宏观和现实背景，厘清有哪些问题，即“What”层面，是设计师全面掌控项目的缘起、趋势和目的，是保证高效完成项目的前提。这一阶段的核心任务主要有三个：①全面掌握问题。了解问题（需求背景与目的），明确问题（需求提出方是谁）？关键利益方又是谁？②确认设计问题的真伪。即问题是否客观存在，需求中涉及的事实、数据是否全面准确？③对问题进行聚类和整合。

（2）问题本质：挖掘诉求

现实生活中遇到的很多问题，都只是看到了“用户所声称的表象问题”，只有通过“追问为什么”不断地挖掘，跳出问题本身，从不同视角思考，才能帮助设计师准确把握方向，才能获取隐藏在“所声称的表象问题”后面的原因及真正的需求，才能不被各种表象迷惑，从而找到问题的真正本质。有时追问一个“为什么”或许并不能触达问题本质，需要多问几个“为什么”，才能更好地思考问题和获得更深刻的机会洞察。停留在“What”的层面找答案的时候，设计方案很难有原创。从“Why”的层面去思考问题，才能在“How”的层面洞察更多的创新想法。透过问题的表象看到问题的本质，这正是问题定义的关键价值。例如，用户要买打孔机，就真的需要设计一个打孔机来满足他吗？通过追问为什么来辨别用户的核心需求：“为什么用户要一个打孔机?”，因为“他想要墙上有个洞”。所以问题的关键不是“是否要设计打孔机”，而是“如何让用户的墙上有个洞”。设计的逻辑转化成：需要提供什么产品或服务让用户的墙上有个洞?

（3）核心问题：判定优先级

挖掘出问题的本质之后，需要潜入更深的层次，对问题进行判断、界定和筛选，选定特定需求作为核心问题开展探索。在工业设计中，并不是所有的问题都值得或都能够解决，面对众多的问题，经常需要借用集体智慧、采取多重投票法，确定如下内容：①哪些问题更值得被解决？②解决问题可用的资源和条件是否具备？③将所有需要解决的问题根据“紧急——重要度”矩阵模型进行排列（图5-8)。一般认为，重要且紧急的问题是当下必须全力以赴的，产品机会非常好；不重要但紧急的问题，产品机会可能主要立足当前市场，其可替代性比较强；重要的但不紧急的问题，产品机会可立足长远规划或通过迭代逐步实现；不重要也不紧急的问题，产品开发当前机会较小。例如，乔布斯在推出ipod大获成功之后，他一直在思索着一个重要但不是特别紧急的问题：什么会打败ipod？乔布斯预感是手机，于是果断开始研发手机业务，最终成就了苹果帝国。

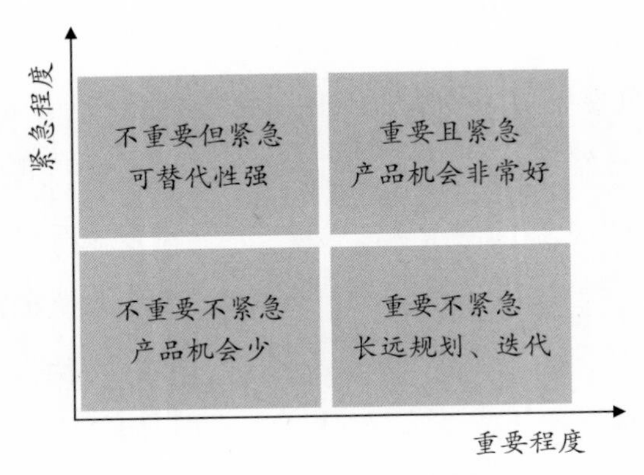

图5-8 问题的“紧急——重要度”矩阵模型

3.溯因推理与溯因洞见

溯因推理是一种推测性的逻辑，根据某现象的特征推测该现象产生的原因或条件的信息加工方式，具有假设性逻辑和推论的或然性特征。在设计中，溯因推理起始于一些合乎情理的预想和猜测，不断地产生和否决假设，直到设计师们无法找出更好的解释。溯因推理的概念来自于美国哲学家查尔斯·皮尔斯（Charles Peirce），皮尔斯把溯因（Abduction）推理与演绎（Deductive）推理及归纳（Inductive）推理一起并列为基本推理模式之一。皮尔斯认为：“演绎法证明事物必须如何，归纳法表现某事确实可行，而溯因法仅仅提出事物或许如何。”

（1）溯因推理的逻辑模式

为了辨析不同的推理逻辑，借助形式逻辑的描述，可以把世界或现象看成是“元素”（什么）的集合，元素之间的连接是通过“关系模式”（如何）实现的，元素通过关系模式，在交互进程中产生特定的现象（结果）（图5-9）。基于“元素”“关系模式”和“结果”三个向度的已知或未知，来区分不同的推理特征①。

---

① 吉斯·多斯特.不落窠臼：设计创造新思维[M].章新成，译.北京：人民邮电出版社，2018：67-73.

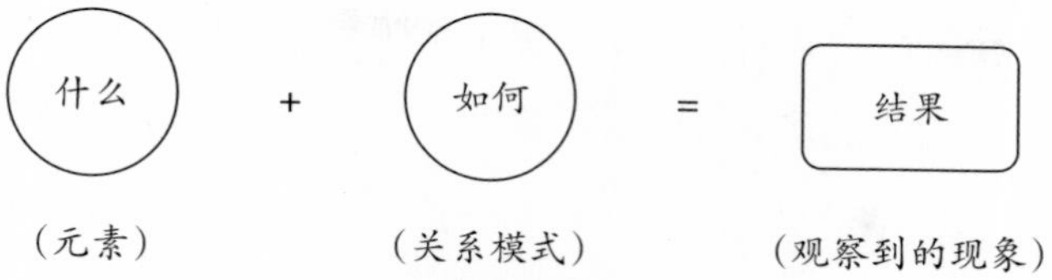

什么 + 如何 = 结果

（元素）　（关系模式）　（观察到的现象）

图5-9 逻辑架构

①演绎推理。演绎是一种可靠的因果推理方式，在演绎的初始阶段，相应情景中的“元素”和“如何”是明确的，其推理过程为“什么+如何→?”（图5-10）。不管推理的过程是否复杂，但推理出来的结果的确定的。例如，如果知道了炒菜时有油烟产生（什么），以及油烟产生的机理和规律（如何），就能推测出在某一特定时刻油烟的大小（结果）。这种结果的判断是不会错的，“在人类掌握的所有推理模式中，演绎是唯一绝对可靠的”。

图5-10 演绎推理

②归纳推理。归纳推理是一种发现模式，在归纳的初始阶段，相应情景中的“元素”和“结果”是明确的，其推理过程为“什么+？→结果”。还是以炒菜时的油烟为例，可以在炒菜时观察不同时刻油烟产生的结果，但不知道油烟产生的机理和规律（如何）。显然，仅仅通过观察，很难从逻辑上准确推导出油烟产生的规律。但通过观察油烟产生的现象，给出详细的描述，可以激发人们深入分析油烟产生的规律和原因。发现这些规律和原因本身就是一种创新行为，产生的相应结论可以通过大量的观察，不断检验、修正去靠近“正确”。

什么 + ??? = 结果

图5-11 归纳推理

③溯因推理。演绎和归纳是经常用来预测和解释现实世界各种现象的两种推理方式，极大地推动了人们对世界即各种现象的解释。然而，演绎和归纳不能创造有价值的“新事物”。工业设计是基于结果（设计的愿景定位）来构建元素和关系模式，这就需要溯因推理的介入，通过溯因推理创造“什么”和/或“如何”，其推理过程为“？+如何→结果”或“？+？→结果”。

在“？+如何→结果”这一推理模式中（图5-12），期望的结果和关系模式（如产品的使用方式、运行原理等）是明确，采取的关系模式往往是经过反复验证的，只需要创造新的元素（如产品、服务或系统形式结构等）。设计中采取这种推理，往往创新程度受限，类似于产品的迭代与改进设计。

图5-12 溯因推理一

“？+？→结果”这一推理模式中（图5-13），只有期望的结果（愿景）是明确的，导向结果的关系模式（如产品的使用方式、技术原理等）和元素（如产品的结构、功能）等都是不明确的，这都需要创建。这种推理模式常用于设计驱动的创新，开发的产品或服务属于创新引领型。设计过程中需要设计师同时创建或选择“什么”和“如何”，由于两者相互依赖，需要设计师同步开发，一起验证。

图5-13 溯因推理二

（2）溯因洞见

在真实的设计实践中，往往是演绎、归纳、溯因等多种推理思维的组合，溯因推理是设计思维区别于其他科学思维的显著特征。早在一百多年前，皮尔斯称溯因是“唯一可以引入新观念的逻辑操作”，这一界定赋予了溯因两大属性：①创新性，即溯因可导向和洞察新知识，通常称之为“溯因洞见”（Abductive insight）；②逻辑性，即溯因是一种推理。

通常认为，创新性和逻辑性是难以兼容的。创新的过程是混沌而不可捉摸的，而逻辑推理即使难以形式化，至少是可以规范化的或可控制的。但溯因通过洞见和推理这两个过程的融合，实现了创新性和逻辑性的统一，如图5-14所示。

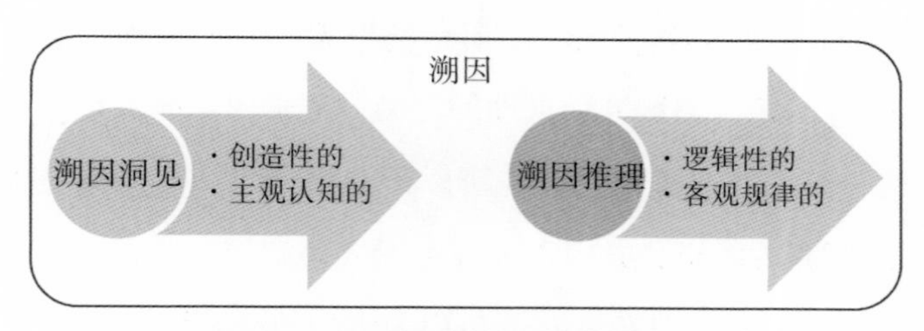

图5-14 溯因洞见与溯因推理的关系

皮尔斯从实用主义视角提出了溯因形式：

观察到了惊异的事实C；

如果A是真的，则C是真的；

所以，有理由相信A可能是真的。

一方面，溯因是一种基于心理认知的洞见过程（在观察到事实C的基础上，基于经验假设性洞见到A是可能的）；另一方面，溯因也是一种基于逻辑的推理过程（如果A是真的，则C是真的）。在工业设计活动中，在期望的结果（愿景）是明确基础上，前者反映了设计师的经验、联想和主观状态，后者则反映了设计师的逻辑推导。而推理的步骤而言，第一步是体现设计师创造性的机会洞察过程，第二步则是体现设计师理性的逻辑推导过程。

4.视觉化—共情化—概念构思

如果说框架和迭代是对设计思维中的流程和模式等非线性形式化思维模

式的培养，问题定义和溯因推理是对设计思维中创新机会洞察与逻辑推理等发现与解决问题的关键能力培养，那么“视觉化—共情化—概念构思”是对设计思维中的核心工具和方法的培养。

视觉化、共情化和概念构思这三种方法是为了连接调研、问题/需求定义和概念构思三个设计阶段的工具和方法[①]。在新产品开发过程中，研究者往往通过用户问卷调查、访谈、观察与拍摄、任务分析等收集大量信息，但是很难把调研结论和成果应用到新想法和产品创新中，设计师经常在研究成果和概念构思之间停滞不前，图5-15所示的框架工具和步骤，有助于为调研成果推断出关键信息，通过溯因推理等思维过程输出与研究成果相对应的产品创意[②]。这个流程和方法的推进，可以帮助项目团队所有成员都能充分理解和利用用户研究的成果，并引导设计师深入理解用户研究的意义，支持他们在概念生成阶段快速设计出真正以用户为中心的产品解决方案。

视觉化（用户画像）	共情化（问题定义）	概念构思
创建视觉化的用户描述，展示用户生活方式与环境、兴趣爱好、拥有的其他产品等	确定用户的产品/系统/服务体验中的关键痛点、习惯和期待	针对客户的痛点构思解决方案，并制作解决方案列表和/或草图

图5-15 “视觉化—共情化—概念构思”的步骤与方法

（1）视觉化

视觉化通常采取用户画像等方式，让团队中的每个人都能直观深入了解和认识最终用户，加深团队成员对用户的充分了解，并认识用户属性和习惯。例如展示用户的外形、生活方式与环境、重视的事物、兴趣爱好、拥有的相关产品等。团队成员在研讨的过程中可以不断补充和完善用户属性与特

① 迈克尔·G.卢克斯，K.斯科特·斯旺，阿比·格里芬.设计思维：PDMA新产品开发精髓及实践[M].马新馨，译.北京：电子工业出版社，2018.

② 张振辉.从概念到建成：建筑设计思维的连贯性研究[D].广州：华南理工大学，2017.

征，但其呈现的结果应该与调查研究的结论一致，保持其客观性，不要受团队成员个人喜好的影响。通过这一步骤，帮助团队处理从研究中获得的大量用户信息，并把它们分解成方便操作的形式，供后面的步骤使用。

（2）共情化

共情化一般采取定性方法，例如到使用场景开展用户问卷调查、访谈、观察与拍摄、任务分析等，让客户通过不同的方式参与项目，引导团队成员发现用户痛点和期待。通过共情化，帮助开发团队摆脱单一消费者或旁观者的角色，置身于多元客户角度思考问题，从多种角度系统观察、思考和理解客户所处的环境、体验和行为，发现隐藏在客户语言和行为背后的意义。在共情描述的过程中，可以结合现有体验或理想体验的用户旅程图，以及问题定义的方法，可视化展示用户使用过程中面临的核心痛点、行为习惯和期待等。设计团队通过观察和理解可视化的结果，与目标客户群体之间产生情感共鸣，进一步深度理解用户需求的动机，与团队整合和分享关键信息，敏锐捕捉产品或服务创新的机会。

（3）概念构思

项目开发团队利用前面两步得到的信息，开始设计以用户为中心的解决方案。这一环节往往是“团队研究—个人思考与构思—互动交流”的过程，设计师个体根据用户的期待、习惯和核心痛点等，大量构思针对这些需求的概念创意。生成的概念方案经过头脑风暴和团队成员的集思广益，通过评审和优选，进入原型制作（如功能样机）阶段，根据原型的测试反馈不断迭代完善。整个过程需要团队根据视觉化和共情化的结论，结合清晰的问题定义（关键痛点、习惯和期待等）开展概念构思。

第四节　设计创新能力的培养

4.1产品设计创新的内涵

1.创新的概念内涵

2021年1月，麦肯锡全球研究院（MGI）与麦肯锡中国区发布的报告《中国的技能转型——推动全球规模最大的劳动者队伍成为终身学习者》提出，到2030年，中国可能有多达2.2亿劳动者需要变更职业，占劳动力总数的30%。模拟分析的结论显示，在未来10年里，前沿创新者的需求可能增长46%。未来的就业市场，对体力和人工操作技能的需求下降（分别下降18%和11%），对社会和情感沟通技能以及技术技能的需求上升（分别增加18%和51%），创新能力成为当今大学专业教育的核心内容。

TED（Technology，Entertainment，Design的缩写）演讲者肯·罗宾逊（Ken Robinson）在2006年录制的以《学校抹杀了创造力吗?》为主题的演讲中，提出了非常著名的论断，创造力被他定义为："形成有一定价值的原创想法的过程。"①而第一个对创新进行概念化工作的学者是美国经济学家熊彼特，他从经济学的视角，认为创新是把生产要素和生产条件的新组合引入生产体系，即建立一种新的生产函数，其目的是获取潜在的利润。从哲学角度来看，创新是创造性的破坏。为了更全面地理解工业设计与创新的关系，有几个类似的概念需要辨析，如创意、发明、研发等。

（1）创意（Idea）不是创新。创意是创新的前提，只有在对大量创意进行论证和筛选的基础上，通过艰苦的劳动才有可能取得有价值的创新成果。如果创意不能转换成现实，不能转化为商业化成功，则不是真正有效的创新。

---

① 约瑟夫·E. 奥恩. 教育的未来：人工智能时代的教育变革[M].李海燕，王秦辉，译.北京：机械工业出版社，2019.

（2）发明（Invention）不是创新。如果发明专利不能用在新产品开发上，或者不能授权或转让给其他公司使用，对公司而言是资源的浪费。

（3）研发（Research and Development）不是创新。创新本质上是一个经济概念，而不是一个技术概念。对于企业而言，创新就是“把一个想法转化为收入和利润”，创新是将知识变成钱，而研发是将钱变成知识。

在企业和组织中的创新，美籍奥地利人、现代管理学之父彼得·德鲁克（Peter F. Drucker）提出了五个基本原则，一是从分析机会开始；二是多进行实地考察，感知消费者的需要，多观察、多询问、多倾听；三是确保创新简单且专一，只有简单专一，才可能为企业更好、更快地创造利润；四是规模不宜过大，且目标明确，为了降低风险，创新要从小规模开始；五是让创新取得领导地位，创新的目标不一定是“成为一个大企业”，而是取得领导地位，让企业处在某方面领先的优势地位。

2.破坏式创新

1997年，美国哈佛大学商学院创新理论大师克莱顿·克里斯滕森（Clayton M. Christensen）在其专著《创新者的窘境》一书中提出了“破坏式创新”（Disruptive Innovation），有时亦翻译成颠覆式创新。一般来说，破坏式创新并不涉及特别复杂的技术变革，其主要表现形式就是将成品元件组装在一起，但相比之前的产品，产品结构会变得更加简单。破坏式创新并不能为主流市场的客户提供更好的产品，在主流市场发生的可能性很小。相反，破坏式创新提供的是一种完全不同的产品组合，只有远离主流市场，客户才会重视这些产品组合的属性。成熟企业受制于既有客户，善于改善已经成熟的技术，而新兴企业似乎更善于利用破坏性技术[①]。

破坏式创新通常是相对于成熟企业通过延续性技术推动的延续性创新而言的。大多数技术都会推动产品性能的改善，将这些技术称之为“延续性技

① 克莱顿·克里斯坦森.创新者的窘境[M].胡建桥，译.北京：中信出版社，2014：16.

术”，一些延续性技术可能不具有连续性，有的具有突破性，有的属于渐进式。所有延续性技术具有共同的特点，都是根据主要市场的主流客户一直以来所看重的性能，来提高成熟产品的性能，其结果可能会而且经常会超出市场的实际需求，造成创新的浪费。特定行业的大多数技术进步从本质上来说都是具有延续性的。

破坏性技术与延续性技术之间存在着重大的战略差异，具有截然不同的市场价值主张。破坏性技术的出现，可能在短期内，会导致产品性能降低，利润和市场规模往往也要低于主流市场的成熟产品，但破坏式创新拥有一些边缘客户（通常也是新客户）所看重的其他性能。基于破坏性技术的产品通常价格更低、性能更简单、体积更小，而且通常便于用户使用。

克莱顿·克里斯坦森提出，新兴企业不应沿袭成熟企业的创新轨迹，通过为用户提供足够好的适宜技术，反而能在激烈的市场竞争中逆袭。破坏式创新的核心是市场定位，而非技术本身，其特征主要有：

（1）破坏式创新更容易创造新的市场。成熟企业对尚不存在的市场难以通过客户大数据进行分析，在新科技革命背景下，很多新兴领域的市场充满着不确定性。不同于与客户紧密互动的延续性创新，破坏式创新更具探索性，具有更加灵活的产品设计和开发策略，更容易创造出产品满足未知的新兴市场空间。

（2）成熟企业一般不会投入破坏式创新。一些掌握核心技术的大公司，反而在新兴技术的选择方面，过多沿用传统的财务评价方法而踌躇不决，结果失去了在市场竞争中持续领先的地位。大公司组建高层管理团队时，是根据执行技能、而不是发现技能选拔人才的，执行人才在高层管理中占主导地位，大公司难以形成破坏式创新。同时，失败是破坏性技术寻找新市场的必由之路，大多数成熟企业的高层管理者都认为他们不能失败，这也成了破坏式创新的阻力。

3.产品创新的目的与层面

（1）产品创新的真正目的

多年来，创新一直是全球各个企业最关注的课题，企业投入创新的资源也远比以前更多。技术发展大幅增加了数据搜集的多元性、数量和速度，也提升了分析工具的复杂性，企业创新仍然难以预测和成功。最近麦肯锡的调查显示，高达94%的受访高管并不满意他们自己的创新绩效。

克莱顿·克里斯坦森在《创新者的任务》一书中指出，“创新的真正目的不是产品，而是用户想要获得的进步”，用户是价值创造的出发点和归属点。从用户视角观察他们在日常生活中想要完成的任务，以及完成任务过程中遭遇到的挑战和阻碍，基于用户目标开展精准创新，这就是创新的用户目标达成理论。创新需要从“寻找相关性因素”转向“聚焦用户目标达成的因果机制”，在“需求牵引”和“技术驱动”的创新争论中，用户目标才是创新的目的。在设计过程中，及时地访谈用户、对用户需求进行调研，可以持续获取来自用户的最新信息和生活愿景，激发有效创新，促使创新成为一种可预测的、可持续的商业行为，从灵感走向科学。

（2）产品创新的层面

在具体的产品创新设计实践中，从设计公理的转换逻辑“需求→功能→行为→结构”出发，创新通常包含着四个层面，即需求层面、技术层面、应用层面和表现层面。

①需求层面：发现用户全新需求、创造新物种、推出新产品。全新需求一般由领先用户的需求愿景驱动，完全区别于现有的产品和技术，其创新过程具有一定的偶然性和不确定性。比如第一台触屏手机的推出，第一辆汽车的发明等。

②技术层面：为实现特定产品功能开展技术研究。技术层面的创新一般由科技人员主导，新技术的研发有时是为了实现某个产品功能，有时候只是

单纯的技术创新，暂时还没有合适的产品和应用场景。例如戴森吹风机在创新过程中，为了达到射流和模拟自然风的效果，形成平稳均匀的气流，在技术层面研发了超高速数码变频电机和流体力学气流倍增技术。在产品设计中技术层面的创新也可以从发明专利中寻找。

③应用层面：现有技术运用到什么类型的产品（需求与场景构建）或规划的产品采用哪种最适合的技术（技术选择与优化）。应用层面的创新可以理解为成熟技术被运用到具体产品上，或者为达到用户目标选择和整合更好或更低成本的技术。应用层面的创新是工业设计师的优势，要求设计师了解市场需求和技术供应链两端的内容，通过资源整合和优化为用户创造新产品或服务。

④表现层面：为产品提供新的造型、材质、色彩和表面处理等外观体验属性。产品外观（如某笔记本厚度变薄、接口变少、重量变轻等）是用户最先接触、最直观体验和感知到的，功能是用户接触的第二层，性能是用户接触的第三层。表现层面的创新就是要使产品的外观更有独特性和吸引力，很多产品在迭代创新时首先会进行外观的变化，因为这是消费者最能感知到的变化。

创新的四个层面在具体使用过程中需要整合，集中体现在产品上，单一层面（如技术或外观）的创新是比较缺乏竞争力的。技术或外观的创新对产品而言十分重要，但不是有效创新的本质，用户的所有购买行为都是源自需求（用户目标）。能够更好解决用户需求的主要冲突，并且不会引起更大冲突的产品创新，才是真正有效的创新。为了实现有效创新，通常需要遵循两个基本原则：技术服务于需求、认知大于事实。前者要求技术创新要以用户需求为导向，过度创新或仅仅为了提高技术指标的创新是没有意义的；后者强调产品创新一定要关注用户认知，创新带来的价值要让消费者能够感知和体验。

4.2设计创造力的培养

创造力是创新能力的核心，在不确定性时代，大学教师不仅要教会学生知识和技能，更应该培养学生的创造力。设计教育需要更多愿景型、共情型的教师，在实践中培养学生解决复杂问题和创造价值的创造力。

1.富有创造力的人格塑造

人人都有创造力，创造力是人们生活意义的核心来源。大多数有趣的、重要的、人性化的事情都是创造力的结果。当人们深入创造性活动之中时，往往会觉得比其他时候过得更充实[①]。要在某一领域内实现创新，必须有过剩的注意力，但注意力是有限的资源，这就要求富有创造力的人必须走向专一化（不太关注别的事情）。同时，富有创造力的人往往是乐观积极的，觉得正在从事的工作本身非常重要，会带给自我极大的满足感（创新者通常认为，悲观主义是一种目光短浅的生活观）。他们善于“在混乱的存在状态中找到目标和快乐”，对事物及其运作方式充满好奇、惊讶、兴趣和热爱。

米哈里·希斯赞特米哈伊（Mihaly Csikszentmihalyi）在《创造力：心流与创新心理学》一书中，通过对大量成功创新者的调研，发现富有创造力的人性格上是多样性的（内向的、外向的都有），他们在人格方面的最大特征是“复杂”，包含着相互矛盾的两种极端性格，同时兼具侵略性和合作性，并且他们在不同的情境下会有不同的表现。根据瑞士心理学家卡尔·荣格（Carl Jung）的观点，兼具多种性格是成熟人格的表现、富有创造力的人体验着相同强度的两个极端，却不会感到内在的冲突。希斯赞特米哈伊结合调研结论，总结出具有创造力的人能够毫无冲突地融合10种对立的复杂人格：

（1）个体通常体力充沛，但也会经常沉默不语、静止不动。

（2）很聪明，但有时也很天真，智商在120左右（不低也不太高）。

① 米哈里·希斯赞特米哈伊.创造力：心流与创新心理学[M].黄钰苹，译.杭州：浙江人民出版社，2015：1-2.

（3）玩乐与守纪律或负责与不负责的结合。

（4）可以在想象、幻想与牢固的现实感之间转换（创新根植于现实）。

（5）兼容了内向与外向这两种相反的性格倾向。

（6）个人非常谦逊（专注于未来而不是过去的成功），同时又很骄傲（非常自信，从不怀疑自己能取得成功）。

（7）女孩比其他女孩更坚强、更具影响力，男孩比其他男孩更敏感、更少侵略性。

（8）既传统、保守，又反叛、独立。

（9）对工作充满热情，同时也会非常客观地看待工作。

（10）坦率与敏感使他们既感到痛苦煎熬，又享受着巨大的喜悦。

相互矛盾的人格特点是富有创造力的人的显著特征，通常只有那些能在两个极端游刃有余的人，才能创造出足以改变领域的新事物或新观点。同时，每个富有创造力的人都对过去经验保持开放性，在环境中拥有连续处理事件的流畅注意力。思维具有流畅性、灵活性及原创性的人，更有可能提出新颖的观点。富有创造力的人具有惊人的适应能力，几乎能适应任何环境，可以用手边的任何东西来实现他们的目标。他们既能忍受独处，沉浸于某个领域的技能和探索，也愿意与他人交流观点和想法。

2.创造力的心流体验

富有创造力的人彼此之间千差万别，但他们有一点是相同的：都非常喜欢自己做的事情。驱动他们的不是出名或赚钱的欲望，而是有机会做自己喜欢做的事情。通过费力的、有风险且困难的创造性活动，扩展他们的能力，包含着新奇与发现的要素，这种理想的体验被米希斯赞特米哈伊称之为“心流”（Flow）。只有享受到了创造力的心流，人们才会持久地沉浸于创新工作。希斯赞特米哈伊认为产生心流体验有九个重要因素：

（1）每一步都有明确的目标：始终知道自己需要做什么。

（2）行动会马上得到反馈。在心流体验中，知道自己做得怎么样。

（3）存在着挑战与技能的平衡。自己的能力与行动非常匹配，挑战太大，会变得沮丧而焦虑；挑战太小，会觉得无聊。

（4）行动与意识相融合。在心流体验中，注意力集中于正在做的事情上。

（5）不会受到干扰。只觉察到了此时此刻的事，心流是注意力高度集中于当下的结果。

（6）不担心失败。当处于心流体验时，由于太投入了，不会考虑到失败。

（7）自我意识消失。在心流体验中，对自己正在做的事情太投入，不会在意他人怎么看待我们，不再在意自我保护。

（8）遗忘时间。处于心流体验时，会忘记时间，几个小时感觉好像只有几分钟，感觉过去了多长时间取决于我们在做什么。

（9）活动（工作）本身就是目的。除了感受活动带来的体验外，没有其他的原因。

幸福生活的密码在于学会从必须做的事情中获得尽可能多的心流体验，如果创新工作本身变成了目的，那么为创新所做的每一件事都不是浪费，都是因为它本身就值得去做。当处于心流体验时，通常不会感到快乐，因为在心流中，只能感受与活动有关的东西。但当人们从心流状态中出来，在一段工作结束时，就会沉浸在快乐中。从长远来看，在日常生活或学习中体验到心流越多的人，整体上会感到更幸福。早在2500年前，哲学家柏拉图就认为，“社会最重要的任务就是鼓励年轻人在恰当的事物上找到快乐，而不是在比较容易实施的活动上找到快乐”。大学应该用创新的心流促进学生的快乐进化，这就需要个性化地教授令人兴奋、充满挑战和创造性的课程。

3.创新技能的培养

形成创新想法的能力不仅是大脑的功能，同时也是行为的功能；只要能改变自身行为，就能够提升我们的创新影响力。学会因果关系的分析，养成理性分析和批判性思维的习惯等[①]，都是培养创新基因、开取创新想法的密码。创新基因的培养，关键是在设计教育的过程中培养学生的创新技能。克里斯坦森认为，成功创新者的创新商业思想主要来源于五种技能，即联系性思维、发问、观察、交际和实验。

（1）联系性思维。创造就是把事物联系起来，创新者之所以能非同凡响，只是因为他们能够结合自身经历，把尚未被联系起来的事物联系来。联系性思维的认知技能是形成创新的关键，其本质是大脑尝试整合并理解新颖的所见所闻，将看似不相关的问题、难题或想法联系起来，从而发现新的方向。在设计教学过程中，教学的内容在多个学科和领域交叉的时候，更容易产生破坏性思考和联想，形成创新突破。

（2）发问。发问是保持好奇心的关键，提出正确问题是创新中最重要、最艰难的工作。创新者提的问题不仅比非创新者多，而且更加积极，更加富有挑战性。产品创新过程中的问题通常有两大目的，即澄清现状和挑战现状。前者提出的问题主要是描述性的，典型的有“是什么”（如是谁？什么时候？什么方式？……）和“为什么?”。后者提出的问题是破坏性的，提出的问题通常有“为什么不?”“如果……会怎样” “如何可以做到……”等。设计的创新源于问题（特别是破坏性问题），在设计教学过程中，培养学生的发问技巧和问题思维非常关键。

（3）观察。大多数创新者都是积极的观察者，他们仔细观察身边的世界，包括顾客、产品、服务、技术和公司。通过观察，获得对新的行事方式

① 约瑟夫·E. 奥恩.教育的未来：人工智能时代的教育变革[M].李海燕，王秦辉，译.北京：机械工业出版社，2019.

的见解和想法。在产品创新中，对大多数创新者而言，观察是一项关键的发现技能，他们的商业想法通常来自两类观察：一是观察不同场景下尝试“完成任务”的用户，洞察他们真正想要完成的任务是什么。每个任务都有功能、社会和情感三个方面，任务不同，这三个方面的重要程度也不一样。二是观察人、程序、公司或技术（供应链），并找到可以应用到其他场景下的解决方案。在设计教学过程中，可以通过以下三个方面训练和培养学生的观察能力：一是让他们积极观察用户购买何种产品去完成何种任务。二是学会发现出人意料的或异常的事务。三是寻找机会在新环境中观察。在观察的过程中，需要调动所有的感官、配合问题开展。

（4）交际。要跳出常规思维，就要将个人的想法与来自其他人的想法相结合，这就需要交际。在商业活动中，交际通常有两种类型：为了获得想法的交际和为了获得资源的交际。创新者在交际时，以发现为动力，主要通过与有各类想法和观点的人交谈，积极地深入探寻新想法、新见解和检验自己的想法，其交际圈要扩展到具有不同背景与观点的专家和非专家。非创新者在交际时，以实现为动力，主要通过与自己类似的人或资源充足、有权有地位有影响力的人交流，以获得资源、推销自己的业务或推进职业发展。在设计教学过程中，要训练学生学会与运用观点迥异的多样性人际关系网，开展交谈，寻找新的想法和创新机会。为了更好地与不同领域的陌生人交流；具备广博的知识和兴趣；做好完善的交流计划和准备；展现优雅沟通的技巧等，都很重要。

（5）实验。商业创新者的实验不同于实验室里的科学实验，他们主要通过创造产品原型和开展测试、拆解产品与程序等方式，不断尝试新的体验、不断检验新的想法和假设。虽然发问、观察、交际能够提供过去和现在的数据，但是要搜寻未来可行方案的数据，最好的方法是实验，实验是回答“如果……会怎样”的最佳办法。商业创新者的实验通常不在实验室，世界才是他们的实验室，他们开始实验的方式通常有三种：①通过探索尝试性的体验；②拆解产品、程序和想法；③用原型检验想法。在设计教学过程中，要培养学生的实验思维和能力，增强他们的实验技能，通常的训练手段有：参加跨越界线（部门）的活动与思考、培养新技能和兴趣（如摄影、滑雪、历史等)、拆解产品、制作原型、定期试验新想法、发现潮流等。

在这些发现技能中，联系是认知技能；发问、观察、交际和实验是行为技能，也是联系性思维的催化剂。若要提高形成创新想法的能力，就必须训练自己联系性思维的能力，并且更为频繁地发问、观察、交际和实验。但在现实教学实践中，为什么有人会比他人更频繁地运用这些创新的行为技能呢？克里斯坦森认为，创新者比一般人更具备创新的勇气，他们将改变奉为自己的使命，积极地想要改变现状；并且，常常会巧妙地冒险以实现改变。创新的勇气，发问、观察、交际、实验等行为技能和联系性思维一起，构成了创新者基因模型（图5-16)。

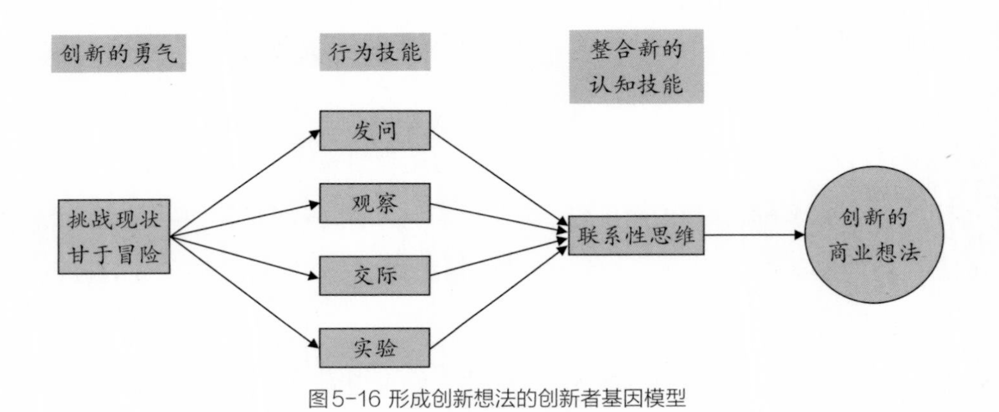

图5-16 形成创新想法的创新者基因模型

一般而言，学生个体很难全面发展所有的创新技能；在创新型企业家中，也基本没有人是五项全能，实际上他们也不需要全面发展。调研结果显示，所有知名的创新型企业家在联系性思维和发问（行为技能）这两项都达到了70%以上的区间水平，似乎这两项发现技能是每个创新者都必备的，而其他的技能则因人而异。很少有观察、交际和实验能力都很强的企业家，如果有一项是卓越水平，另外至少两项达到强劲水平，就会非常不错。许多创新者都意识到自己的某些技能不够强大，因此尝试着和拥有这些技能的人组成团队。在设计教学实践过程中，培养学生结合不同创新行为技能组建互补性团队，通过团队协作去解决创新技能的不足是十分重要的。

第六章

组织适应与协同创新

第一节　协同创新的组织架构

1.1工业设计的产业组织与发展趋势

1.组织与组织结构

组织理论奠基人切斯特·巴纳德（Chester I. Barnard）在1938年提出，组织是“有意识地协调两个或两个人以上的活动或力量的一种系统”，它包含三个关键要素：共同的目标、贡献的意愿和信息的沟通（图6-1），三者缺一不可[①]。在现代管理学中，组织是为了实现企业既定目标，按一定规则和程序而设置的多层次岗位及其有相应人员隶属关系的权责角色结构。组织中的流程、层级、结构，以及人与人之间的关系，既相互依存又相互制约，交织成组织形态，即组织架构。

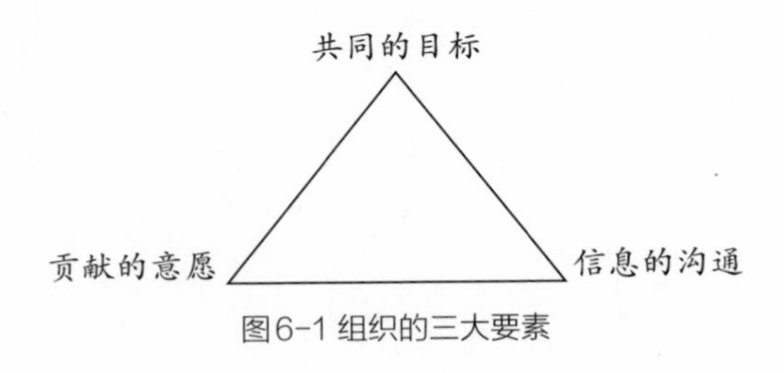

图6-1 组织的三大要素

① 从龙峰.组织的逻辑[M].北京：机械工业出版社，2021：12.

根据经济学家约翰·威廉姆森（John Williamson）的观点，组织有U型、H型、M型三种基本结构类型，对应于直线职能制、事业部制和母子公司制。组织结构的设计也主要有三种类型：以任务为中心的组织结构设计、以结果为中心的组织结构设计、以关系为中心的组织结构设计。在实践过程中，组织模式有时是多种结构的组合，例如矩阵结构的组织模式就是一种以任务为中心和以结果为中心的组合与折中。

古典组织理论的创始人之一马克思·韦伯（Max Weber）提出，理想的组织结构需具备六个特征，即分工与专业化、职业评级与奖惩、等级体系、规章制度、管理权与所有权分离、纯粹人事关系。具备这些特征的结构，可使组织运作条理分明，可预测性强，可避免人为因素干扰，使组织更加理性、更具效能。

2.工业设计的产业组织及其发展趋势

工业设计位于制造业产业价值链最前端，其产业组织主要有制造业企业的工业设计部门、工业设计公司等类型。工业设计组织结构需结合企业战略规划、设计业务及产品开发流程等因素系统架构，与其他业务部门协同运行。

随着新科技革命背景下工业设计价值和任务的转型，工业设计的产业组织形式变得越来越重，创新性组织已成为设计产业发展的新灵魂。整体而言，扁平化、开放协同式的创新生态系统，是设计产业发展的新趋势。例如，小熊电器的国家级工业设计中心，以驱动企业全产业链创新为原则，构建了服务于公司技术研发、各事业部、生产制造与供应链、营销—客服—品牌等产业链各环节和各业务部门的开放式组织架构（图6-2）。

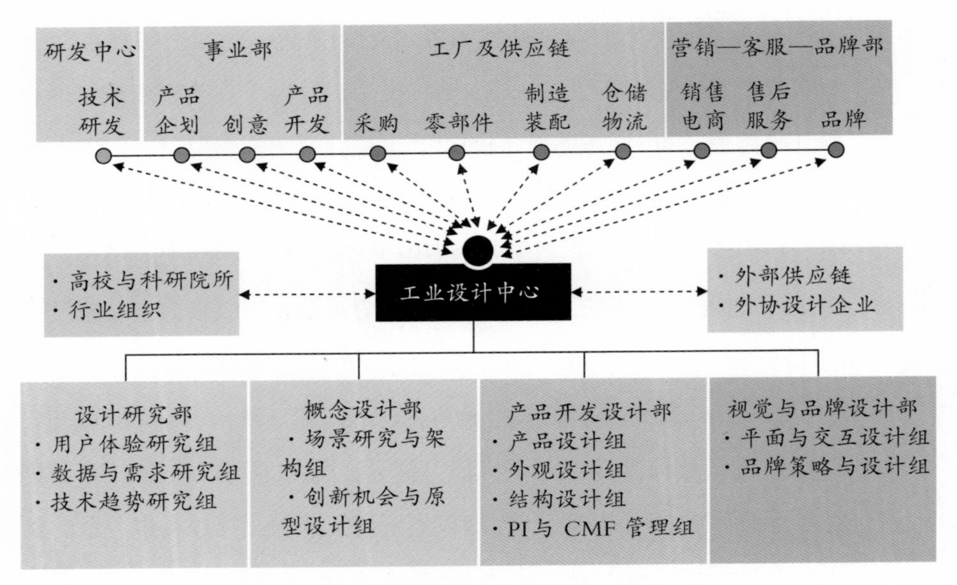

图6-2 小熊电器工业设计中心的组织架构

在工业设计中心内部设置了设计研究部、概念设计部、产品开发设计部和视觉与品牌设计部，驱动工业设计向价值链高端延伸；在企业内部，工业设计中心与其他各部门紧密协同，介入了从用户需求到产品功能结构、供应链整合、营销与品牌策划等产品解决方案和商业价值实现的全流程。在企业外部，工业设计中心积极加强与高校、科研院所、行业组织、外部供应链等的协同创新，在用户研究、生活方式研究、场景构建、技术开发、趋势研究与机会洞察、概念设计等方面开展合作。工业设计中心从组织架构上形成了全产业链深度协同的开放式专业化设计生态系统，从而实现了产品和服务的高价值与高质量。

产业的发展离不开组织变革，内外部环境的变化，企业资源的不断整合与变动，都给企业带来了机遇与挑战，企业组织形态和结构也随之不断进化。一般而言，企业形态沿着产业价值链不断演变，先后经历股东价值形态、精英价值形态、客户价值形态和利益相关者价值形态，对应于直线型、职能型、流程型、网络型四种组织结构，实现从低级组织形态向高级组织形态进化（图6-3）[①]。其中，精英价值形态是传统企业形态；利益相关者价值形态是新科技革命和互联网时代的产物，模式尚不成熟，但是产业组织未来的发展趋势；客户价值形态则是当下众多企业正在构建或使用的新型组织结构，如小熊电器工业设计中心就属于该组织结构。

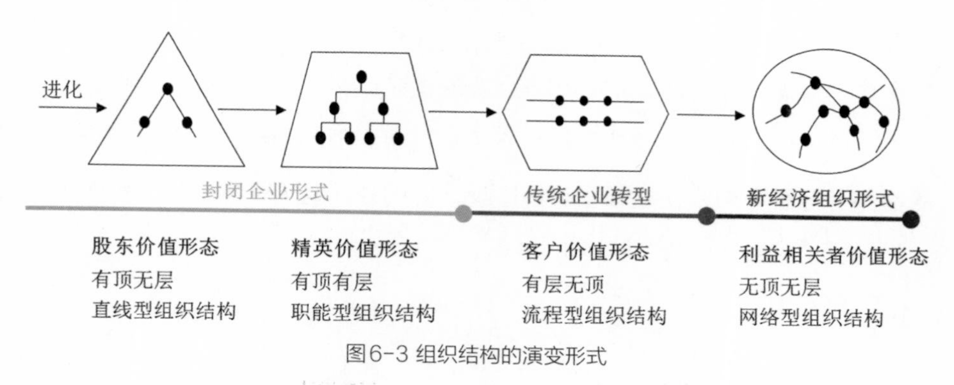

图6-3 组织结构的演变形式

随着新一轮科技革命、新发展理念和产业变革的深入推进，企业正在不断突破组织边界，强调基于平台的利益相关者之间的开放式协同创新，从职能型和流程型向网络型转变。企业组织转型和扩展创新，开放的生态系统是关键，最出色的组织将生态系统创新视为增强竞争力的有效路径。当前，在工业设计的创新系统中，用户、设计师、工程师、市场营销人员等成为创新组织中最重要的利益方，基于他们同创共享的协同组织模式越来越受到企业的重视。2019年，海尔构建生态链小微群的组织体系，产品创新过程中紧密连接创造解决方案的人（创客）和评估解决方案价值的人（用户），凸显创造价值的过程中创客（内部）与用户（外部）两大利益体的协同作用，形成一种自驱动、自优化、自增强的，不断迭代的创新组织形式。

就工业设计的产业组织结构而言，一些企业正在尝试构建多利益方协同的网络型创新组织。例如佛山维尚家具制造有限公司的全屋定制家具设计创新中心，在设计对象和设计过程（空间、设施、产品、供应链、制造）数字

① 杨少杰.进化：组织形态管理[M].北京：中国发展出版社，2014.

化的基础上，持续创新“工业设计”的组织和运营模式，推进各利益方参与的开放式协同创新。设计创新中心下设研发设计部、工艺设计部、门店销售设计部三大设计功能实体和协同设计工作坊（图6-4）。一方面，基于云设计平台（ “设计岛”和“氢设计” ），在客户端引入用户参与设计，形成各利益方参与的“研发—工艺—门店”协同设计系统。另一方面，基于协同设计工作坊，对外链接高校、科研院所、全球供应链、外协设计师和用户，构建线下开放式创新组织。设计创新中心基于这两大创新平台，驱动自身价值链的延伸、分解和网络化，开发和激励设计师的创新能力，支持设计组织的平台化发展和形成可持续的跨界创新能力。

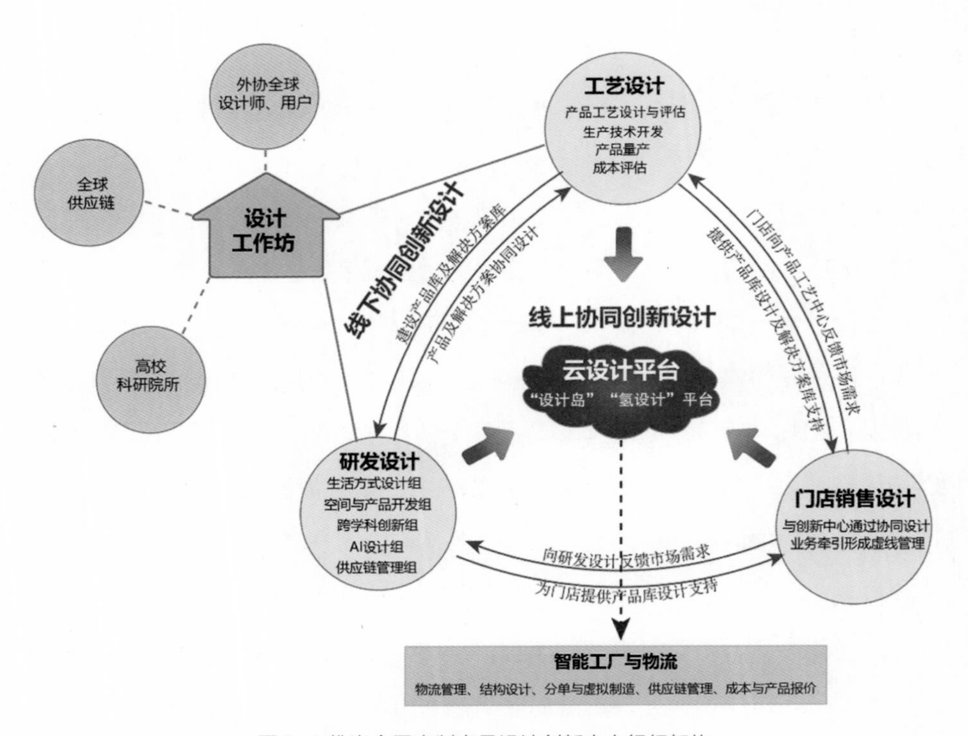

图6-4 维尚全屋定制家具设计创新中心组织架构

1.2“大学—产业—政府—社会公众”耦合的组织架构

在新科技革命和产业革命背景下，设计师面临的设计问题往往是“开放的、复杂的、动态的和网络化的”，传统高校设计类人才的培养偏重于作坊式的“动手操作”和“个人灵感创意训练”，解决设计问题的策略主要针对孤立、静态和多级有序的系统，通过切割简化的方式解决，难以达到解决“开放、复杂、动态和网络化的设计问题”所需的能力要求，与产业需求严重脱节[①]，毕业生年均产值、获奖作品和专利的产业转化率极低[②]。工业设计教育组织结构不完善是导致这一问题的关键。在新的背景下，大学的知识生产活动从以学科为主导转变为以社会需求为中心，其变革驱动力主要来自产业、政府和社会，而不是大学内生的动力[③]，因此，工业设计教育组织是多个利益相关主体相互作用的产物，组织的形成既需要政府的宏观支持，也需要产业与社会需求的引导，更离不开大学的主体参与，在设计知识的生产与应用过程中，也必然促成与产业、政府、社会公众等组织的知识融合，也就是要打破各个组织之间的边界，促进各个组织、活动、人员之间的相互渗透，进而形成“大学—产业—政府—社会公众”耦合的四重螺旋组织形态。

1.“大学—产业—政府”三重螺旋组织

大学、产业和政府三者之间的资源彼此依赖、相互补充和共享，进而形成重要的网络组织形式，形成“大学—产业—政府”之间的三重螺旋模型（图 6-5）。该模型是由美国纽约州立大学社会学系亨利·埃兹科维茨（Henry Etzkowitz）和荷兰阿姆斯特丹科技发展学院的劳德斯多夫（Ley - desdorff）提出[④]，其主要特征有：（1）从产业端来看，大学从某种角度会依

---

① 李燕．以工业设计引领制造业高质量发展[N].中国经济时报，2019-12-04.

② 张湛,李本乾．国家设计系统提升创新竞争力的国际比较研究及其启示[J].科学管理研究，2019，(1)：98-101.

③ 胡赤弟．学科—专业—产业链构建与运行机制研究[M].北京：教育科学出版社，2013.

④ 马永斌，王孙禺．浅谈大学、政府和企业三者间关系研究[J].清华大学教育研究，2007（5）：26-33.

托产业平台，企业通过项目合作等形式获取高校知识与技术资源，同时为学校提供资金支持、实习实训基地，辅助科技成果转化和概念产品孵化。(2) 从政府端来看，政府可为大学提供直接资金支持和政策支持；同时，可为产业发展提供政策环境与宏观指导，并以科技投入为调控手段，在大学与产业间建立有效关联，引导大学、产业合作推动创新发展。(3) 从大学端来看，大学可为政府和产业提供人才和知识支持，支撑和引领企业创新，推动社会与经济产业的创新发展。同时，产业发展对大学教育的影响在不断强化，从人才需求端“倒逼”大学专业教育的转型与变革。因此，大学—产业—政府拥有互补性资源，可通过实现各自价值目标而建立组织间关系，形成三股力量交叉影响、优势互补的三重螺旋模型。

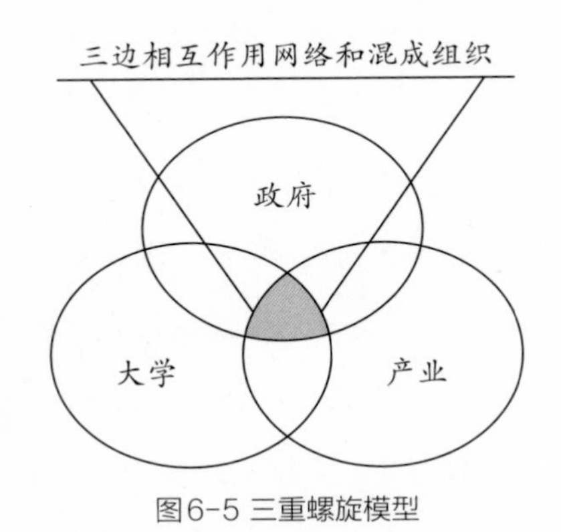

图6-5 三重螺旋模型

2.“大学—产业—政府—社会公众”四重螺旋组织

“大学—产业—政府”三重螺旋模式在资源优势互补的基础上，可实现三方对创新的追求及各自利益最大化的价值取向，然而该取向缺少一种能够抑制和调控这种过度追求市场价值的力量。随着新科技革命和社会转型的深入推进，社会问题的复杂性和公共利益的重要性越来越引起高校、政府和产业的关注。

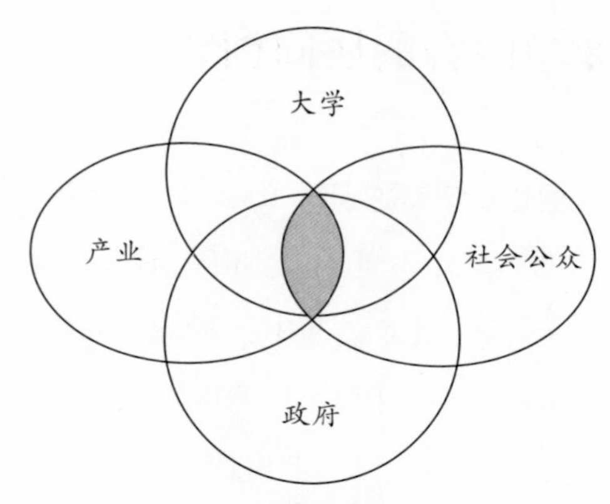

图6-6 四重螺旋模型

社会公众与用户的价值取向力量可以缓解传统的三重螺旋模型带来的问题。美国学者埃里克·冯·希普尔（Ericvon Hippel）在《民主化创新》一书中提出了一种新兴的事物——创新越来越显示其民生化倾向，而且这种倾向正在快速发展[①]。要“让用户为你创造价值”[②]，创新的理解思路不能仅仅局限在技术、战术与战略层面，社会公众、用户（特别是领先用户）等大众群体的开放式创新是驱动产业与经济社会发展的重要力量。因此，在“大学—产业—政府”三重螺旋组织的基础上，创新组织急需引入社会公众、用户等因素，形成“大学—产业—政府—社会公众”四重螺旋组织结构（图6-6）。在这种背景下，社会公众、用户作为第四支螺旋线开始在经济社会、产业和知识创新过程中起监督与约束的作用。如果说大学、产业和政府的三重螺旋模型是指向推进产业创新与经济发展，那么社会公众作为第四维度则是指向经济与社会发展之间的冲突与协调，不断地推动着经济发展与社会创新的协同[③]。

① 傅琳，王焕祥．“大学—产业—政府—民间”创新的四重螺旋初探[J].管理观察，2011（17）：114-115.

② 埃里克·冯·希普尔.用户创新：提升公司的创新绩效[M].陈劲，朱朝晖，译.上海：东方出版中心，2021：18.

③ 马永斌，王孙禺.大学、政府和企业三重螺旋模型探析[J].高等工程教育研究，2008（5）：29-34.

第二节　教学内容的协同创新

2.1超学科的工业设计知识生产

知识的传播、生产与应用不可分割，但在不同的经济形态和教育范式下，所占地位不同。在新科技革命背景下，新经济要求商业组织持续创造新的价值观、产品、服务或流程。因此，工业设计知识生产模式是当下设计教育研究的关键。结合最新的定义，“工业设计是一种战略性的问题解决过程，该过程通过创新的产品、系统、服务和体验驱动变革，建构商业成功和引导更好的生活品质”。工业设计将创新、技术、商业、研究及消费者紧密结合，通过重新解构问题发现机会，提供新的价值和竞争优势；通过其输出物对社会、经济、环境及伦理方面问题做出回应。由此可见，工业设计的知识涉及产业、社会、伦理、用户、环境、技术、商业、管理、政策、法规等跨学科内容，知识生产的主体包括高校师生、企业、政府、用户、供应链及其他利益相关者。工业设计知识生产需要通过全面整合作用下的知识创新，来解决复杂的社会问题[①]，属于超学科知识生产模式。

1.跨学科的知识生产

新科技革命背景下，工业设计以解决复杂社会和产业设计问题为导向，设计对象从“物质产品”向“硬件+软件+服务+商业模式”转型，设计任务从“外观创意+结构设计”向前端决策“设计基础研究”和后端服务“用户体验+服务设计”延伸；从提高产品附加值向重构产业价值链和驱动产业创新转型。一般认为，工业设计的专业知识与技能主要涉及用户与服务知识、产品及其系统知识、市场与经营管理知识三个方面，其学科内知识的获取显著地体现跨学科的知识生产模式。

① 王晓玲，张德祥.试论学科知识生产的三种模式[J].复旦教育论坛，2020（2）：12-17.

（1）用户与服务知识生产

以认知心理学、行为学、社会学、人机工程学、交互体验、场景建构等跨学科理论为核心，结合用户的知识背景、生活方式、消费习惯和所处的社会文化背景，通过交叉整合，建立用户画像、用户心理认知模型、用户行为模型、产品使用与服务的场景模型等，以挖掘用户在不同场景的真实需求，为新产品开发提供依据，为新产品及服务的机会洞察提供条件。同时，也可以借助大数据采集与分析和各类宏观分析报告，探索消费服务趋势，为企业的产品规划提供战略决策。

（2）产品及其系统知识生产

以材料学、工程学、美学、生物医学、人工智能、生态学及交互体验等学科理论为基础，通过交叉整合，开展产品硬件（如新材料、工艺、CMF、结构、技术模块、造型等）、产品软件系统（如交互体验、交互方式、服务内容、使用场景、核心体验点等）和产品原理（如AI+IoT、大数据、生物技术、绿色生态技术……）等方面的知识研究与创新。大学的工业设计专业教师和学生需要紧跟科技发展的前沿，了解产品及其系统最新技术、原理等知识的进展情况，并在产品创新中整合运用，扩宽产品创新的机会，为产品提供新的竞争价值和优势。

（3）市场与经营管理知识生产

以经济学、供应链、市场营销及设计管理等学科理论为基础，通过交叉整合，开展产品销售模式，品牌策划、推广与运营，市场趋势预判与机会定义，供应链管理等方面的知识研究与创新。掌握行业现状与竞争形式，制订企业的新产品竞争战略与创新策略；并协同企业管理体系，链接技术、生产、市场、营销、品牌等环节。以设计项目为载体，促进工业设计与材料、工艺、制造、供应链、营销、管理、服务等方面的深度融合，在整合创新的过程中生产新知识；同时，在整个产业体系中注入设计思维，最大程度地激活和实现工业设计的价值。

2.社会公众与领先用户知识的生产

开放知识生产的过程，让社会用户参与进来，提升用户的参与感[①]，加强对用户体验研究的重视程度，例如克里斯滕森、安东尼等提倡的“核心用户目的”理论。这一理论认为，产品和服务的开发与用户动机（需要解决的问题 ）和产品/服务带给用户的价值息息相关。普拉哈拉德（Prahalad）和朗格斯瓦米（Ramaswym）的“未来实务”（Next Practice）理论则提出了一种基于个体体验的产品/服务设计观点来推动创新。根据体验观点，深入的、共情的以用户为中心的方法，是一切设计活动的关键第一步。蒂姆·布朗表示，对“人类行为、需求和偏好”的了解，可以带来“意想不到的信息和产品创新”，更好地满足用户的需求[②]。因此，对工业设计知识而言，用户知识生产和输出尤为关键。

在用户研究和用户知识生产过程中，领先用户（Lead User）是很多创新的源泉。所谓领先用户是特指那些对产品或服务有特殊需求的用户，他们通常是现有技术的使用者，也是未来技术的开拓者。他们通常有两个特性：一是在重要市场趋势的前沿；二是有强烈的动机去寻找新兴需求的解决方案。领先用户往往是自主提升他们所需的产品和服务，他们是用户创新者（User-innovators），他们所提升的新产品往往会变成日后的主流产品。如果消费者对某一产品有着浓厚的兴趣，那么他们自己也可探索产品的未来发展趋势。新科技革命背景下互联网带来的真正意义不在于人们能够有更多选择和购买更多产品，而在于人们能够设计和制造自己的产品（用户创造内容）供其他人消费，人人可以制造产品。消费者越来越看重自己能够参与创

---

① 黎万强.参与感：小米口碑营销内部手册（珍藏版）[M].北京：中信出版社，2018.

② 迈克尔·G.卢克斯， K.斯科特·斯旺，阿比·格里芬.设计思维：PDMA新产品开发精髓及实践[M].马新馨，译.北京：电子工业出版社，2018.

意的产品，无论是动手装置还是在线向设计师提供建议，追求“意义最大化”而不是“利益最大化”将成为产品开发的新趋势。

领先用户参与设计知识的生产可以通过以下四种模式开展：（1）通过与领先用户的交流，发现产品的“未来特征”。领先用户对目前的产品不满意，正在寻找更好的东西。因此，他们可能会发现设计师以前未预想到的需要或服务。（2）可以公开邀请和聘用领先用户加入研发团队，在参与项目的过程中，激励领先用户将新产品带回家免费试用，在用户真实的家庭当中完整记录体验，形成使用报告，发现和挖掘他们对产品的兴趣，验证产品与服务的创新点。（3）领先用户通过线上线下相结合的方式，加入团队作为消费者顾问，指导创意的发展和执行。（4）从用户画像、时空、行为情景、价值等维度出发，定义和构建领先用户的使用和服务场景，获取产品迭代或原创机会。

3.产业与政府政策法规知识的生产

以学科为主线，通过科研、设计与社会服务项目等形式，“大学—产业—政府”深度协同，开展超学科知识生产和应用，动态建设课程内容，在工业设计的人才培养中至关重要。课程知识生产的主要形式有：（1）以设计服务项目为依托，将行业发展趋势报告、行业产品标准与规范、行业供应链现状、销售模式、竞争企业与产品（服务）等导入课程教学。基于现有产业知识，在指导学生完成项目课程的同时，不断创造新的产业知识，比如用户消费趋势、行业竞品分析、行业技术演变趋势、销售市场用户反馈等。（2）以政府资助的国家级、省部级科研项目和咨询服务项目为依托，将政府出台的政策法规知识、行业标准等导入课程，在帮助学生理解行业设计宏观趋势的同时，达到思政育人的目的。同时，在带领和指导学生完成科研项目的同时，为政府创造领域新知识，比如特殊领域的工业设计发展规划、策略、机会与实施方案等，培养学生公共服务的意识与精神。（3）以科研和平台项目为依托，依托与政府或行业组织共建的公共服务平台，整合“科研成果+政府资源+行业资源”知识，并导入课程教学。在学生深度理解政府发展导向和行业现状的同时，以各类科研、公益服务、公共服务项目为依托，通过调查研究、国内外行业资料与用户资料整理、案例研究等手段，完成课程学习任务的同时为政府和行业创造所需要的知识。

2.2 组织知识的创造

组织在应对环境的不确定性时，不仅仅是被动适应，还应该主动互动。理解组织如何创造新产品、新方法和新的组织形式十分重要，但更基本的需求是了解组织如何创造新知识。组织知识创造，是指一家企业作为整体创造新知识，在整个组织中传播，并把它体现在产品、服务和系统中的能力上。

1.知识创造的过程

日本学者野中郁次郎在《创造知识的企业：领先企业持续创新的动力》①一书中指出，知识创造具有两个维度——认识论维度和本体论维度，知识创造的“螺旋”就发生在其中（图6-7）。企业知识分为隐性知识和显性知识两种，知识是通过隐性知识和显性知识之间的互相作用与转化而创造出来的。组织知识创造的关键就是对隐性知识的调动与转换，有价值的知识一直存在于员工的大脑中，组织管理者需要做的就是把个体大脑中知识“调”出来，“结晶”、固化并转换为其他人能够利用的显性知识。知识创造主要有四种模式，即社会化、外显化、组合化和内隐化。

社会化是从隐性知识产生新隐性知识，是通过共享经验从而创造隐性知识的过程，如通过观察、模仿和实践学习专业技能，创造的知识也称为“共情知识”。经验是获取隐性知识的关键，如通过头脑风暴、创意论坛、学徒式的参与实践、在产品开发前和进入市场后与用户持续地互动等，参与者共

---

① 野中郁次郎，竹内弘高.创造知识的企业：领先企业持续创新的动力[M].吴庆海，译.北京：人民邮电出版社，2019：69.

享经验（如消费者需求、使用痛点及体验等），设计人员都可以从特定情境中获取知识。

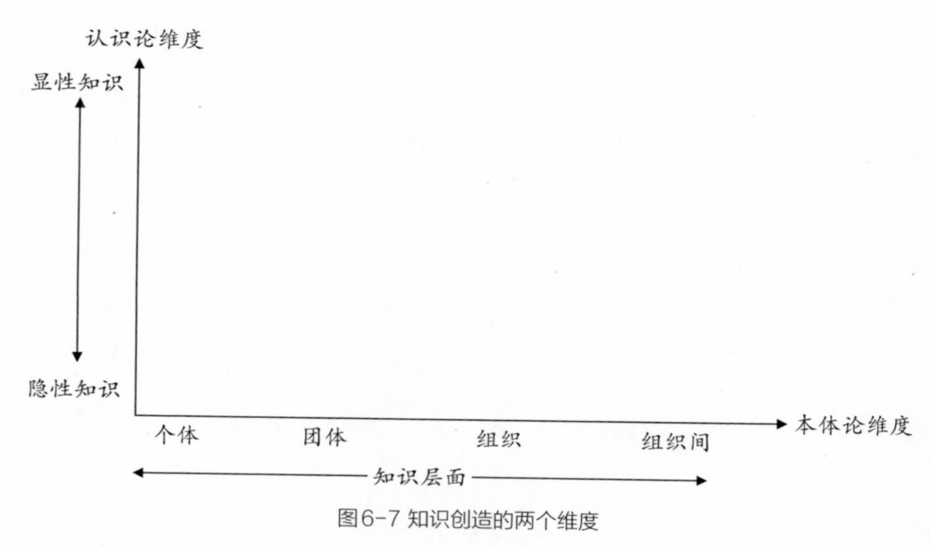

图6-7 知识创造的两个维度

外显化是将隐性知识表述为显性概念的过程，以比喻、类比、概念、假设或模型的形式出现，创造的知识也称为“概念性知识”。外显化通常体现在概念的创造过程，并由个体之间的对话或集体反思引发，创造概念的常用方法就是把演绎和归纳结合起来。在团队或组织中，领导者丰富的比喻性语言和想象力，是从项目中引出隐性知识的一个重要因素。比喻是一种通过象征性地想象另一件事，来感知或直觉地理解一件事情的方式，它最常用于溯因推理或非分析的方法，来创造颠覆性的概念，既不是分析，也不是对相关事物共同属性的综合，比喻是让听众用别的事务来看待这个事务，从而创造体验的全新诠释。而类比是通过已知了解未知，弥补意象与逻辑模型之间的距离。

组合化是将各种概念系统化为知识体系的过程，是从显性知识产生新显性知识，通过对显性知识进行整理、添加、组合和分类，重新配置既有的信息，由此催生新的知识，创造的知识也称为“系统性知识”。在商业背景下，知识转化的组合化模式最常见于中层管理者分解并实施企业愿景、经营理念或产品理念时，通过将编码的信息和知识关联组合来创造新概念。

内隐化是将显性知识体验到隐性知识的过程，与“做中学”密切相关，创造的知识也称为“操作性知识”。当通过社会化、外显化和组合化获得的经验，以共享心智的模式或技术诀窍的形式被内化到个体的隐性知识库中时，它们就变成了有价值的资产。如果将知识用语言表达或图形描绘成文档、手册或口头故事，有助于促进显性知识转变成隐性知识。而要想使知识创造在组织层面内发生，就需要让个体层面积累的隐性知识与其他组织成员进行社会化转化，从而开启新一轮的知识创造螺旋。组织知识的创造是隐性知识和显性知识之间、各类知识之间不断动态地相互作用；知识创造的四个阶段分别在原始场所、对话场所、系统场所及实践场所中进行。（图6-8）

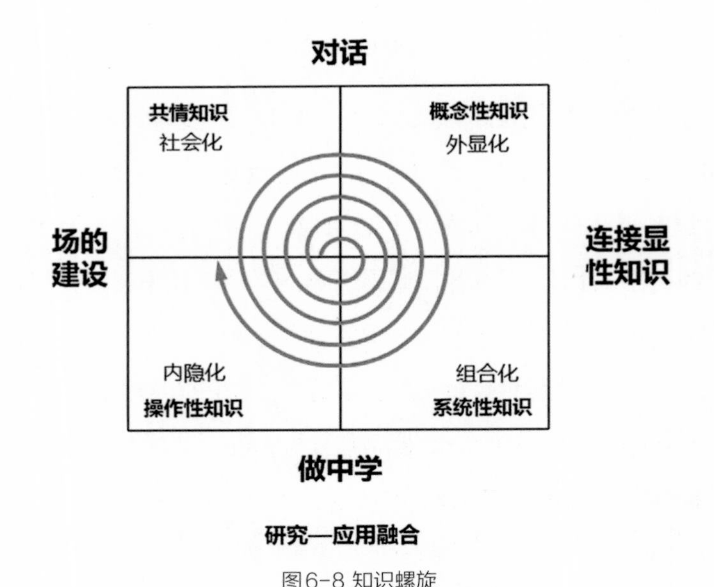

图6-8 知识螺旋

2.组织知识创造的“螺旋”

知识创造发生在三个层面：个体层面、团队层面和组织层面。个体的隐性知识是组织创造的基础，组织必须激发在个体层面创造和积累的隐性知识，被激发出的隐性知识通过知识转化的四种模式，在“组织级”上得以放大，并在本体论维度更高的层面结晶和固化下来，这一过程称之为组织级知识创造的螺旋（图6-9）。组织知识创造始于个体隐性知识的共享，隐性知识与显性知识相互作用和转化是知识创造与扩展的本质，知识创造则为组织的创新提供动力，组织知识的创造是通过跨越团组、部门、区域和组织的边界，不断向前推进。

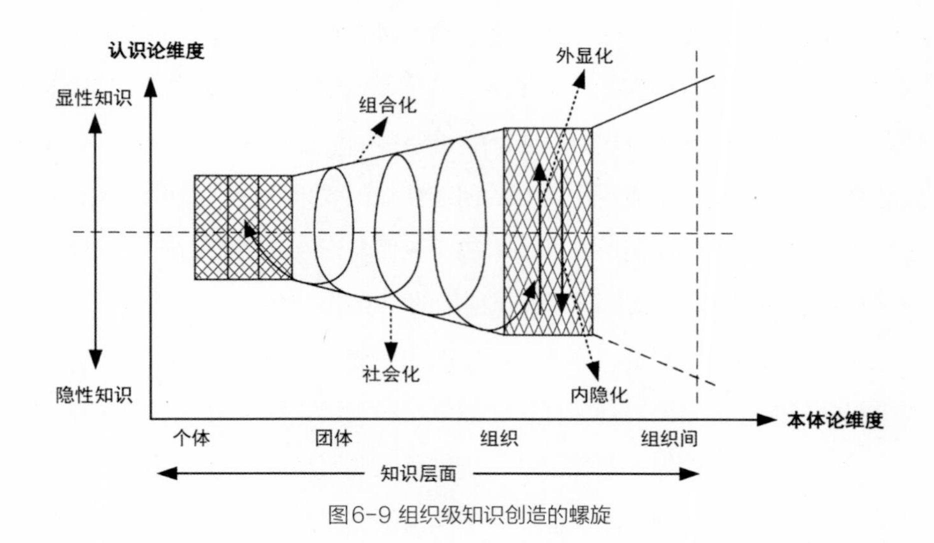

图6-9 组织级知识创造的螺旋

企业是创造知识的平台，在不确定性的经济环境中，持续竞争优势的一个确定性来源是知识。从本质上讲，知识创造的过程是一个以人为中心的集体创造过程。在经济、环境和社会的发展遭遇前所未有挑战的时候，需要通过知识创造来应对。组织不但要学习知识，还需要创造知识，创造知识才是竞争力的重要来源。但组织本身并不创造知识，个体才是创造知识的主体，且只有通过个体之间的共享，知识才会在团队、部门、组织层面汇聚发展并呈现螺旋上升的态势。即使我们生活在大数据时代，隐性知识也是处于组织知识创造的首要位置，设计学习需要时刻注意人们正在经历的事情，以及人们如何交流感知和经验，以获得新的想法和产品机会。需要以实物为主，多去体验和感受，隐性知识促使“由内而外”的知识创新过程得以实现[①]。

组织知识创造的关键在于“场”与团队。为了积累和综合新知识，人们需要一个“创造的空间”，即“场”。在场中，人们有意识、全心全意地致力于一个共同的目标，通过人际互动和环境互动产生新的知识。在创造力应对不确定性的时代，领导者需要加强实践型领导力的培养，以建立“场”让员工能迅速地解决问题。“场”是一个创造互动的临时空间，在成功的场中，通过关心、爱、信任和彼此接受建构的同情心和同理心，能对“主体间性”[②]（Intersubjectivity）的形成产生重要影响。主体间性使人们能够最有效地分享隐性知识，从而产生更好的创造性知识成果。这种知识创造的互动过程使人们认识到，我们所知道的取决于我们与谁互动、我们从文化和社会中了解到了什么，以及我们进行知识创造的环境是怎样的。

人类的任何知识都是“集体知识”的一种形式，个体的知识只有与团队或组织中其他人的知识进行整合，才能创造和发展。知识创造是以价值为取向的，要产生高效的组织知识创造，个体首先要明确组织的意图和愿景，从而理解什么是有价值的。团队需要给个体提供充分的自主性，保持团队内部的多样性，调动团队成员的激情，促进个体与外部环境的沟通，激发企业或组织的持续创新，推动个人价值和企业愿景同步实现。知识持续创新的关键，在于建立团队内部与外部之间、团队内部成员之间的充分连接，外部获取的知识在团队内部得到广泛共享。在产品开发过程中，其转换可以描述为“外部→内部→以新产品、服务或系统的形式回到外部”，通过持续创新为产

① 野中郁次郎，竹内弘高.创造知识的企业：领先企业持续创新的动力[M].吴庆海，译.北京：人民邮电出版社，2019.

② 主体间性即人对他人意图的推测与判定。

品或服务注入竞争优势。

团队协作的方式通常有三种，即接力赛型、生鱼片型和橄榄球赛型。在接力赛型中，每个阶段和个体任务被明显分开，如图6-10中A所示；在生鱼片型中，相邻阶段与个体工作会有叠加，但不相邻的截然分开，如图6-10中B所示；在橄榄球赛型中，每个人都应该从项目的起点介入到项目的终点，如图6-10中C所示。工业设计是愿景驱动的创新，设计与全产业链紧密相关，其团队成员之间的关系不应该是一场接力赛，而应该是一场橄榄球赛。

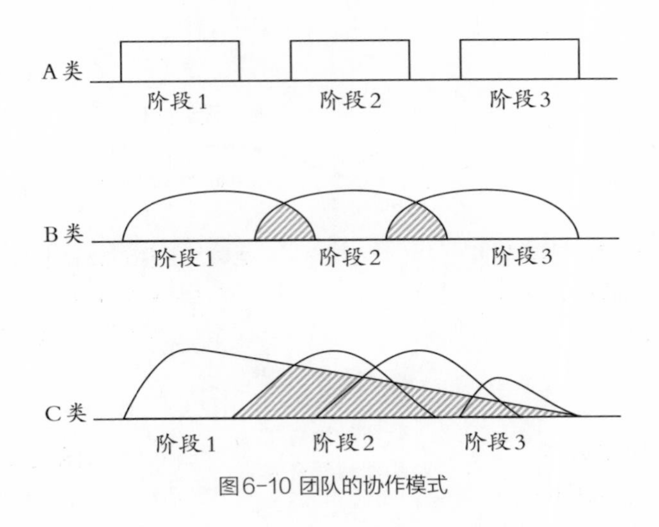

图6-10 团队的协作模式

2.3知识创造向教学资源的转化

大学的知识创造必须体现在人才培养目标的基本要求中，而且这种要求还必须反映在对学生创新意识和创新精神的养成上[①]。关于知识创新和治学精神，德国存在主义哲学家雅斯贝尔斯曾论断：一个人“只有当他把追求真理当作一种内在需求时，才算是真正参与学术研究”[②]。“在大学里追求真理

① 眭依凡.大学理想主义及其实践研究[M].北京：北京师范大学出版社，2019：182.
② 雅斯贝尔斯.什么是教育[M].邹进，译.北京：生活·读书·新知三联书店，1991：150.

是人们精神的需要，因此它给大学带来勃勃生机，是大学进步的条件。”[①]正是对学生创新精神的培养，学生设计的产品应该能更明确地表现出创新性、社会期待及冒险精神。

结合设计研究的范式，知识创造的成果向教学资源的转化是整体化的模式，包括课程体系（知识系统）的构建、工业设计基础理论与地域设计史论知识的扩展、产业领域特色设计课程的建设、传统设计课程的改造升级、课程与毕业设计课题的拟定、创新设计项目与设计竞赛课题的选择等，既涉及教学内容的创新，也涉及教学方法的改革。整体化的转化模式如图6-11所示。

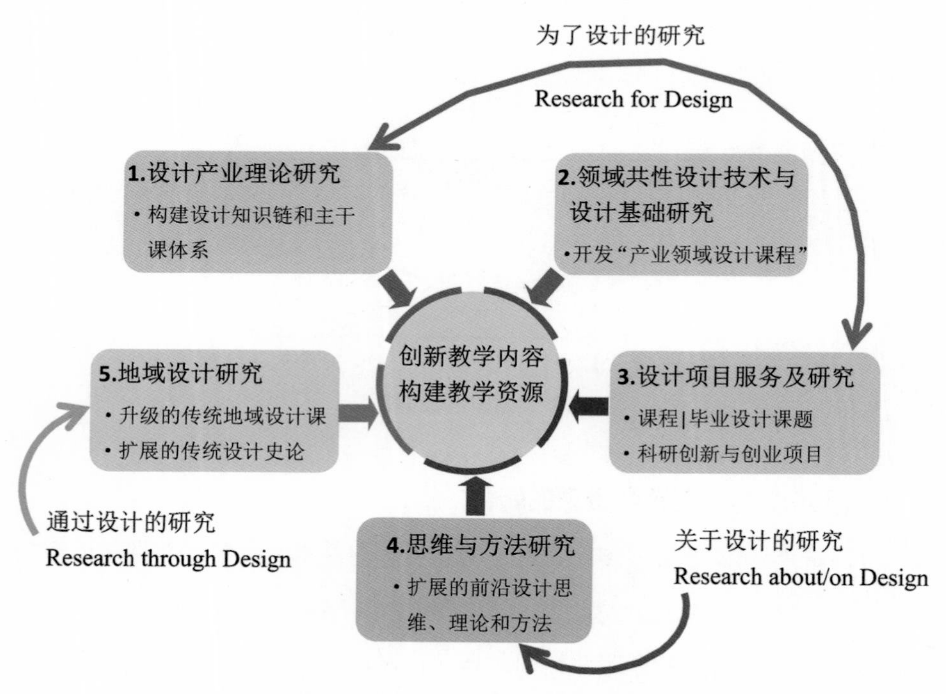

图6-11 设计研究向工业设计教学资源整体化转化的模式

① 雅斯贝尔斯.什么是教育[M].邹进，译.北京：生活·读书·新知三联书店，1991：169.

1.设计产业理论研究向人才培养方案的转化

产品设计是面向制造业的服务型行业，在传统制造业向着智能化、服务化、个性化、柔性化和分散协同化转型发展的背景下，设计产业、设计服务模式和设计业务模式都在发生变革。研究设计产业的转型升级、产品设计创新嵌入制造业产业价值链的模式等关键问题，在此基础上设计创新链和产品设计知识链，进一步整合成主干课程体系，形成人才培养方案。这是从源头开展设计研究向教学资源的整体化转化，也是明确面向产业需求的综合性创新设计人才定位。

2.设计思维方法研究向主干课教学资源的转化

从20世纪60年代设计方法的兴起，到20世纪90年代末开始向设计思维的转向，设计学科的基本逻辑和核心理念发生了巨大变化。聚焦未来的思维是当前人工智能领域设计规范研究和产业领域设计应用研究的关键主题。将设计规范研究所提出的模型与理论（如设计过程模型、用户研究模型、人机交互模型等），设计应用研究提出的技术和方法（如用户调查、市场调查、设计需求发现、创新机会获取等）融入主干课程（如设计心理学、设计概论、产品系统设计、产品开发设计等）的教学，把学术前沿最新的研究成果扩展到主干课程的教学中，重新思考关于设计的概念与本质内涵，确保设计理念、设计思维与设计方法的先进性。

3.基于领域共性设计技术与设计基础研究开设特色产业领域设计课程

工业设计所涉及的行业和领域十分宽泛。设计的目的是解决问题，而真实的问题主要存在于产业和生活之中。真实的问题相对于理想化的虚拟问题，面临的条件（如具体的成本、人员、资源、供应链、时间要求等）和需求更加复杂。只有面向行业开设设计课程，就真实需求开展深度研究和设计，才能培养学生解决真实复杂问题的综合能力。在传统教学中培养的优秀学生，可能具备良好的创新思维与技法，设计竞赛成绩很突出，但主要是解决虚拟的理想化问题；当面临着诸多“限制条件”的产业真实设计需求时，往往茫然不知所措，完全听从甲方的，不知如何创新。先进设计思维理念和方法与真实需求之间的隔阂造成了设计师与企业主之间的矛盾：年轻的设计师经常认为企业决策者不懂设计、小气、保守；企业决策者认为设计师都是花架子，不懂产品、不懂市场、不懂营销。而就行业共性设计技术与设计基础开展研究，并将研究成果融入课程教学，有助于学生运用先进的设计理念和方法解决产业面临的复杂问题，从而解决设计课程教学中一直存在的矛盾：创意设计与现实需求之间的鸿沟。

4.地域设计研究向设计史论和传统地域设计课程的转化

地域设计研究既是产品设计专业教学中传承和学习传统优秀民族民间工艺、传播传统地域文化的需要，也是增强和塑造未来设计师文化自信的需要。地域设计是设计史论和文化研究的重要内容，通过地域设计的研究，分析和总结地域设计的特点，传播地域文化。结合地域资源，将地域设计研究的成果融入课程教学中，一方面，可以扩充设计史论课程的教学内容，将设计理论与当地文化及需求相结合，使课程内容更加生动。另一方面，所有的优秀传统文化都是我们的祖先所创造的，在教学的过程中，可以改造传统民族民间工艺类的课程形式，改造升级传统课程，将文化创意产业与设计的先进思想和理念引入课堂，将传统民族民间工艺作为创新设计的资源，不断与地方产业融合，开展面向时代的创新设计。这两个方面的转化，既有助于传播地域传统文化，又有助于通过设计创新振兴地域文化产业。

5.设计项目服务及研究向科研创新与设计实践课程的转化

把产业服务研究成果转化成教学资源，将企业的设计服务项目和企业需求引入课堂与课外科技创新和设计竞赛课题，以真实设计任务为依托，以设计作品为导向，开展设计实践教学。主要形式有：一是指导学生申报以产业需求为导向的科研创新项目；二是指导学生申报和完成设计创业项目，组建创新创业设计工作室，自主开展设计项目服务；三是将企业需求以设计竞赛的方式组织学生完成，设计成果交付企业生产销售，同时联合企业参与行业性竞赛（产品奖）。

第三节　协同创新的教学活动与支撑条件

3.1协同创新的实践教学活动①

1.工业设计专业实践教学的三种类型

工业设计实践教学的模式主要有三类，即科目制、项目制和问题制②。科目制的特点是以知识和技能为基础，按方法和实践类型分类课程教学。科目制知识规范，学科边界清晰，分工明确，所传授的内容往往按照固定的技能方向，在指定的教学地点规范地开展，以技能训练为主，课程知识和教学活动的组织具有清晰的层次性、逻辑性和计划性，教学活动的开展和进度的把控非常方便。但是，这一模式的局限性也很明显：教学内容和活动不开放，以既有的知识和技能传授为主，探索和研究处于被动，教学系统僵化，创新性、互动性和活力不够，教学的结果往往以理想的“作品”而不是落地的“真实产品”结束。

项目制的特点是以产业需求为目标，以项目流程和进度来组织教学活动，在“做项目”的过程中查找、探索和传授相关知识与技能。企业为教学活动设定与产业直接相关的目标，为教学活动提供必要的资料和技术支持，并在教学过程中充分互动交流。知识与技能的传授和获取具有开放性、探索性、不确定性和不可控性。实际项目在进展过程中，往往会遇到不可预见性

① 吴志军，邢江浩，王玥.基于“设计平台+设计园区”的工业设计专业实践教学改革[J].当代教育理论与实践，2017（4）：38-40.

② 刘晶晶.大数据时代“产学研”协同创新设计论坛纪要[J].装饰，2015（2）：42-47.

的问题和困难，需要通过跨学科团队的合作，经过充分的研究，提出合理的问题解决方案。在教学活动中，研究对提出问题的解决方案具有重要意义，教学的结果往往以落地的“真实产品”结束。但产业项目的商业性和时效性特征突出，市场目标是首要任务，教学和研究处于被动，这会给教学与研究活动的计划、组织和时间安排带来困扰。

问题制的特点是以真实情境下的社会需求为目标，开放性地发现问题、分析问题，提出问题的解决流程与方案。教学活动处于一种完全开放的、模糊的状态，自己发现问题、分析问题，自己提出较为合理的问题解决方案，教学具有彻底的主动性和前瞻性，不仅仅提出解决方案，还要发现和理解用户的“真实需求”。在这种模式下，教学和研究始终处于主动地位，通过真实社会情境下的问题研究，驱动教学和创新，在研究的过程中探索和组织知识与技能，发现、分析和解决问题，对设计思维（Design Thinking）的训练具有重要意义。真实“问题”往往超越了具体的单一产业，工业设计的对象和教学结果也会从“落地产品”转向“解决方案”。但由于缺乏和脱离具体企业的支持，学校能独立从社会现象中探索和解决的问题往往非常有限，对需要复杂技术支持或专业性很强的问题，在教学活动中难以深入开展研究，也很难提出具体有效的整体解决方案，最终的教学活动往往以完成流程和思维训练，提出概念模型和理想化的解决方案结束。由于缺乏具体产业的支持与跟进，这些流程、模型和解决方案绝大多数仅仅存在于“学术成果”中（如竞赛获奖、举办专题设计展览等），问题制的教学活动也难以更深入地推进。

工业设计专业三种实践教学类型的特点如表6-1所示。

表6-1 工业设计专业三种实践教学类型的比较

类型	教学内容	教学活动组织	教学结果	职业能力
科目制	规则清晰的知识与技能传授	以知识结构开展，知识与技能驱动，清晰规划	设计作品	认知能力、审美能力、动手技能
项目制	具体产业问题分析，提出有效的解决方案，不确定的知识、技能的组织和运用	以产业问题和项目流程开展，知识与技能的传授和获取具有开放性、探索性、不确定性和不可控性	商业产品	知识与技能的探索、组织、运用，团队协作解决实际问题的能力
问题制	真实社会情境中发现问题、分析问题，提出解决问题的流程方法	以真实问题的研究开展，研究驱动进程，发现问题和解决问题完全开放	理想解决方案	设计思维、问题发现与归纳、团队协作能力

2.实践教学活动的转型

在新科技革命背景下，传统科目制的设计实践课程强调工程绘图和艺术表现，难以满足融合创新驱动的产业转型和平台经济的发展，不断涌现的新技术、新需求与消费场景、新的产业形态需要设计人才构建新的专业技能和素质。在新科技革命和产业革命背景下，设计师面临的设计问题往往是“开放的、复杂的、动态的和网络化的”，很难通过传统解决问题的策略去解决[①]。在新的背景下，设计实践的舞台不仅仅是工厂和商业，还涉及产业的所有方面和社会生活与经济组织，每个组织都面临着设计思维的挑战：如何发展并提供与人相关且有价值的服务，以及如何最大限度地利用各种资源实

① 吉斯·多斯特.不落窠臼：设计创造新思维[M].章新成，译.北京：人民邮电出版社，2018：31.

现这一点[1]。这正是设计思维对设计技能和素质的本质要求：从关注形态、结构和功能，扩展到关注组织结构及其资源、服务过程、愿景或目的等战略层面。设计师及其价值不再局限于"画图设计"和产品最后环节附加的"视觉外观"[2]，还必须涉及与技术专家、市场专家、平台专家、社会专家等进行对话与合作，充分理解与洞察用户需求，定义产品概念和探索设计方案。

基于设计实践内涵的复杂化转型，高校在培养工业设计专业务实型设计实践人才的过程中，不能只通过作坊式的教学侧重于造型、色彩、风格等封闭的要素，也不能只侧重于思维、概念等理想化要素。教师和学生应该一起深入社会和产业一线，结合社会需求愿景和产业前瞻性问题拟定课程设计的课题。教师帮助学生对真实的社会和产业前瞻课题开展研究，通过协同创新平台与条件，与生产制造、供应链、工艺、市场等产业链要素紧密结合，把设计实践教学上升到设计驱动的产业和社会创新高度，与产业和社会开展协同设计教学。通过"校企协同"，实现资源共享，发挥整体优势并提高合作效率，提高学生创新创业意识和实践能力。同时，学校积极组织企业和行业协会参与教学目标、教学方案、教学内容、教学评价等各个环节，并为设计实践教学在产业课题、市场趋势、领域知识与技术、行业标准、供应链分布、实践指导、孵化落地、成果展示与推广等方面提供支持。在培养过程中，设计、技术、市场、服务相结合，围绕设计产业链部署"概念创新—技术创新—产品创新—产业创新"的设计创新链，围绕创新链规划课题设计的知识链，指导学生将学到的专业知识、技能整合运用在实际的设计实践活动中（图6-12）。

---

① 约翰·赫斯科特，克莱夫·狄诺特，苏珊·博慈泰佩.设计与价值创造[M].尹航，张黎，译.南京：江苏凤凰美术出版社，2018.

② 米泽创.项目管理式生活[M].袁小雅，译.北京：北京联合出版公司，2019.

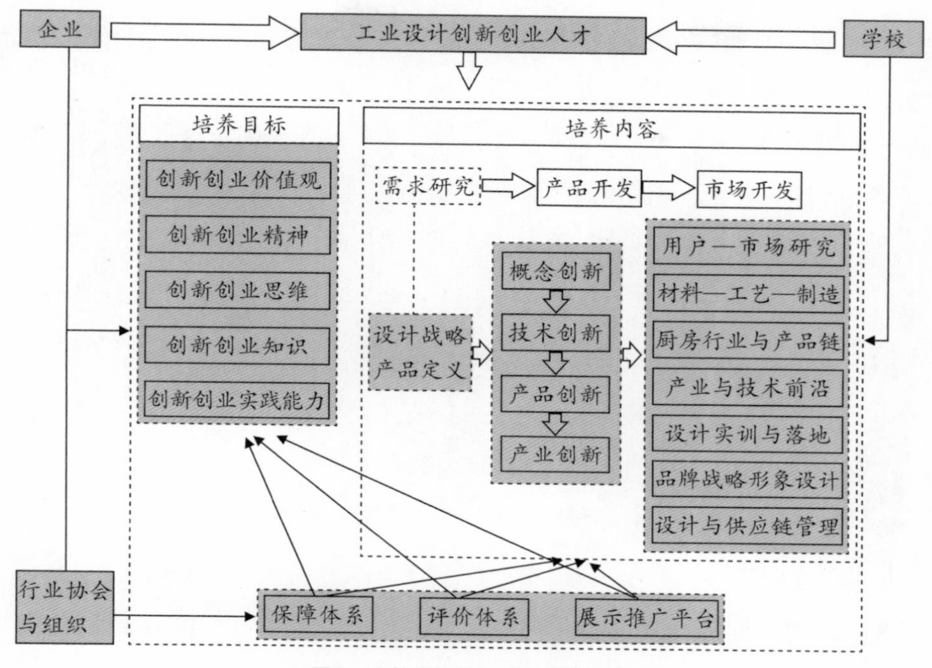

图6-12 校企协同的设计实践课程

“研究、教学、产业”相互促进、相辅相成，既有助于培养学生走进社会后的实践能力，也有助于学生学习过程中的价值观及产业社会责任感的培养。同时，也有助于学校在特色产业领域形成比较优势，逐渐凝练专业特色方向和教学/科研团队，长期与产业、政府和社会公众保持产、学、研深度合作，增强专业的社会服务能力和影响力，形成传授知识（技能）、整合应用知识和创造知识并举的协同创新生态系统。

3.2 协同创新的实践教学支撑条件

1.搭建校企协同创新实践教学平台

新科技革命背景下，工业设计创新人才应该是具有首创精神、冒险精神、创业能力、独立工作能力，以及懂技术、社交、管理技能的创新型人才。工业设计实践教学的关键是提高学生对用户和市场真实需求的洞察与分析能力、产品创意的执行（落地）能力、多因素协调与整合能力、团队—时间—成本—供应链的协调与管控能力；同时，还要培养学生的产业意识、工匠精神和专注力。以社会和产业需求为导向，整合校企优势资源，搭建协同创新实践教学平台，是提高创新型应用设计人才培养质量的重要手段。

（1）建设“设计—生产—销售”整合的产业链式实习实训基地

“设计—生产—销售”整合的产业链式实习实训基地建设是设计专业建设的关键环节，是形成“创新创业教育要素融于生产销售全过程”“教师、学生、企业技术人员、销售人员和管理人员深度融合”的关键。

（2）联合企业组建产学研协同设计与育人中心（基地）

依托学校，分别与企业共建产学合作协同育人基地、校企合作创新创业教育基地、国家级和省部级工业设计中心（研究院）等。在为企业提供技术研发、设计、咨询等项目服务的同时，组织学生开展实习实训和项目实践。

（3）与企业联合成立设计工作室

企业针对性为工作室设立科研项目和创新设计项目，提供必要的技术支持、设计—生产制造—销售实训指导、资金扶持和设计成果的产业化条件，联合孵化创新创业项目，助推孵化项目的落地、产业化和市场化。结合企业具体项目需要，定期举办创新设计工作坊（Workshop），设计成果由企业转化。联合指导学生作品参与国际国内权威设计竞赛和创新创业大赛，设计成果双方共享。

（4）与地方政府联合成立公益设计工作室

结合乡村振兴、设计下乡等活动，根据地方政府和乡村建设与经济社会发展实际需要，校企联合设置设计课题，组建跨专业学生团队协同完成和跟踪落地，培养学生服务乡村建设和地方产业发展的创新创业能力。

（5）利用设计园区，开展设计实践教学

通过实训基地、联合设计工作坊（Workshop）、专业实习、主题设计竞赛等方式，长期与设计公司集聚的设计产业园区开展实践实训教学。设计园区集聚了大量的设计师，设计氛围浓厚，设计文化活跃，设计活动频繁，设计公司的项目较多，建立长期能满足学生参与实际项目的合作教学基地，有助于培养学生的动手实践能力、职业素养，并拓宽他们的视野。

2.与政府和产业深度合作，建设和利用设计园区与设计平台

借助在工业产业转型升级和高质量发展时期，国家和地方政府大力支持创建行业性工业设计中心（平台）和发展工业设计产业园区的契机，高校要利用自身智力优势，积极参与“设计园区”和“设计平台（中心）”的创建与发展。同时，整合校企优势资源，基于“设计平台+设计园区”，大面积、长期开展“产、学、研”持续协同的开放式实践教学。具体措施如下：

（1）基于“设计园区”的实践实训合作教学

通过实训基地、联合设计工作坊（Workshop）、专业实习、主题设计竞赛等方式，长期与设计公司集聚的设计产业园区开展实践实训教学。建立能长期满足大面积学生参与实际项目的合作教学基地，培养学生动手实践能力。在学生入职前，教师与设计公司的双向叠加培养，有助于为设计公司低成本培养熟练的设计师，设计公司通常会欢迎这种模式。学生在学习的过程中虽然承担着较重的压力，但由于设计的作品能够产业化，专业学习很有成就感，也愿意去企业，从而有助于调动学生实践课程学习的主观积极性。

（2）基于“设计平台（中心）”的专题设计合作教学

通过合作课程、联合设计工作坊（Workshop）、联合举办（参与）设计竞赛、联合组建产品研发与设计工作室等方式，与行业性的“设计中心（平台）”开展专题设计合作教学。联合企业组建设计中心（平台），设定特色产业方向，将行业性设计需求引入课堂，建设特色产业设计领域的教材/教辅材料，开展专题设计研究和实践教学。

工业设计的主战场在制造业企业，行业设计中心代表了特定产业设计的

前沿。研究性、专业化、知识驱动的设计服务正是很多行业领域所缺少的。行业工业设计中心要聚焦产业创新力、向价值链高端和专业化转型、赋能制造业高质量发展，急需能为企业提供设计基础研究和原创设计服务的人才。与行业设计中心产、学、研合作，形式有：与行业中心共同开设合作课程，为行业培养高端设计研究与设计实践人才；通过合作课程教学，为企业（行业中心）提供设计基础研究服务；通过合作课程、设计工作坊（Work - shop）、设计竞赛等方式为企业（行业中心）提供概念和原创设计方案等。

3.利用企业平台和资源，培养教师产业意识，推进师资队伍建设

在协同创新的工业设计人才培养组织与实施过程中，培养教师的产业意识和能力至关重要。在美国著名工业设计家、认知心理学家唐纳德·诺曼撰写的《为什么设计教育需要改革》（*Why Design Education Must Change*）一文中，他明确指出在新科技革命快速推进的今天，设计院校教师知识不足，设计院校面临的关键困境是“无知的老师在训练无知的学生”[①]，达到“解决复杂社会和产业设计问题”的师资十分缺乏是当前设计教育变革的关键原因之一。在产业快速转型升级的背景下，充分利用与企业协同创新的平台和资源，发挥校企双方各自优势，推进教师专业知识的持续更新，提高产业意识和设计实战能力，为人才培养提供师资保障，是工业设计教育变革的重要手段。具体方案通常有：

（1）聘请企业知名专家、技术骨干、行业专家、市场与管理人员等优秀人才，担任专业课、实践教学环节、创新创业课程的授课教师，与校内教师联合指导实践教学环节、创新设计工作坊、毕业设计、设计竞赛项目、创新创业项目等，校企双方共享设计成果，教师实践能力得到发展。

（2）选派教师通过主持或参与企业攻关课题研究，承担企业设计或咨询服务项目，捕捉市场信息、快速补上新知识和工程实践经验短板，并逐渐锻

---

① 唐纳德·诺曼，董占军.为什么设计教育需要改革[J].设计艺术，2014（2）：6-9.

炼成为行业专家。

（3）通过博士后、科技特派专家、企业访问学者、挂职等形式，选派骨干教师到企业从事科研、设计、管理等一线工作，提高教师的工程实践、市场营销和管理能力。

（4）组织校内教师定期参与行业协会活动，参与国内外展会和调研，通过讲学、培训，开展沙龙活动到企业交流，增进校企合作的同时，增强老师对市场和产业的认知。

（5）聘请企业和行业协会（联盟）专家，参与研讨人才培养方案、教学计划、课程大纲等，授课教师根据技术、市场和产业趋势对教学内容和方式进行调整，增强老师对产业和社会需求的认知。

第七章

案例实践与应用

第一节　湖南科技大学产品设计专业改革实践[①]

1.1 项目研究与改革背景

1.项目背景

中国工业设计现有从业人数超过70万，已居世界首位。然而，80%以上的设计仅侧重于造型或结构，设计师的平均年产值不到英国的1/4。随着新科技革命的兴起，传统产品正在向“硬件+软件+服务”的方向发展，传统制造业正在向“定制化、分散协同化、服务化”转型。为了适应设计驱动创新的产业转型升级需求，国家“十四五”规划明确指出，工业设计应“以服务制造业高质量发展为导向，聚焦提高产业创新力，向专业化和价值链高端延伸”；《中国制造2025》明确要求全面推进“工业设计从外观造型向高端综合性设计转型”。面向新的设计产业需求培养综合性创新人才，是设计驱动产业转型升级的关键。

湖南科技大学产品设计人才培养瞄准新科技革命背景下融合创新和个性化生产的需求，以国家大力支持发展设计产业为契机，突破“应用艺术”和“应用科学”的传统设计教育范式，在教育部人文社会科学项目“价值链重

① 该案例2021年获批首批国家级新文科研究与改革实践项目立项和国家级一流专业建设点；2019年获第十二届湖南省高等教育教学成果特等奖。

构背景下工业设计产业转型的机制与路径研究”、首批国家级新文科研究与改革实践项目“工艺融合的产品设计专业综合性创新人才培养模式与实践”等系列项目的支持下，实施了“以设计思维为驱动、以融合创新为特征、以价值创造为输出”的超学科设计教育范式。项目对接全产业链创新和专业化深度原创设计的产业需求，探索产业需求牵引的综合性创新人才培养模式，围绕产业价值链和设计创新链构建专业主干课程体系与教学平台，全面实施设计任务驱动下“以学习者为中心”的教学方法，取得了显著成效。

2.项目研究和改革的必要性

（1）培养综合性创新人才是工业设计有效服务于制造业高质量发展的需要

制造业高质量发展的关键是产业链重构，设计驱动的创新，关键在于设计能为产业、社会和用户创造价值。产品设计需要系统整合用户需求、技术、商业与服务模式等进行创新，才能深度介入制造业产业，最大作用地实现产品从概念创新到价值增值和价值创造。产品设计教育亟须培养能与产业、政府、社会公众深度协同，面向价值链高端提供专业化设计服务和价值创造的综合性创新设计人才。

（2）产业需求牵引是培养综合性创新设计能力和体验式学习的需要

在新知识爆炸性增长的互联网时代，作为“互联网原著民”的大学生，学习思维正展现出非线性、跨界性的特征。结合真实的制造业产业链，以设计任务为依托，在“做—学—做”的往复过程中开展互动性体验式教学，既是互联网时代培养学生在海量资源中不断吸收、建构、整合和应用跨学科知识能力的需要；也是激发学习动机与兴趣，培养团队协作、跨界整合的思维模式和追求卓越职业素养的需要。

3.项目研究和改革所要解决的核心问题

（1）如何帮助学生构建整体化超学科的知识系统

传统产品设计课程强调艺术表现，课程总量偏多、内容单一、结构松散，难以达到“整合应用工程技术、商业、美学、社会学等方面的知识与技能，系统解决‘复杂产品设计问题’”所需的能力要求。项目通过围绕制造业产业价值链和设计创新链构建设计主干课，开发产业领域设计课程，运用“设计任务驱动”的教学方法，帮助学生构建综合性创新设计人才所需的整体化超学科知识体系。

（2）如何实施综合性创新设计实践能力的培养

传统产品设计课程教学关注知识和技能的传授，“教师讲，学生听”“作坊式的动手操作”及“个人创意训练”是三种基本模式，培养的人才难以迁移和整合运用跨学科知识与技能，难以创新性地开展真实项目的设计。项目通过产业需求牵引，“课程—项目—竞赛—服务—活动”五位一体，以设计任务为依托、设计作品为导向，开展启发式、探究式、参与式教学，培养学生自主获取、构建和运用知识，通过团队协作解决复杂设计问题的综合性创新能力和价值创造能力。

1.2 项目研究与改革实践

1.主要思路

湖南科技大学产品设计专业立足地方优势产业，对接新科技革命背景下的产业转型升级，沿着“产业转型升级、人才需求与学习范式变革→创新设计教育范式→创新教学内容→创新教学模式→建设实践平台和师资队伍”的逻辑路径，开展产业需求牵引的综合性创新设计人才培养模式的探索与实践。

2.具体措施①

（1）构建以工艺融合创新为特征、产业价值创造为输出的设计教育能力范式

对接新科技革命背景下产业竞争和学习范式的转型，针对人才培养与产

① 吴志军，杨元，黄莹.基于融合创新范式的工业设计人才培养模式[J].设计，2021（24）：104-106.

业需求脱节、综合性创新设计能力和价值创造能力不足等关键问题，项目突破“应用艺术”和“应用科学”的传统设计教育范式，面向打包服务与全产业链创新的业务模式，构建以设计思维为驱动、工艺融合创新为特征、产业价值创造为输出的产品设计教育能力范式（图7-1）。实现了设计教育发展范式与科学技术及经济社会发展范式的协同。新的教育范式融合了科学技术、人文艺术、商学管理等多个学科群的知识和技能，需要聚焦培养学生在开放式创新环境中围绕产业链和设计创新链中的各创新要素开展设计活动，并通过输出新产品或服务创造价值，对面向人类社会未来发展愿景的产业、经济、环境及伦理方面的问题做出回应。

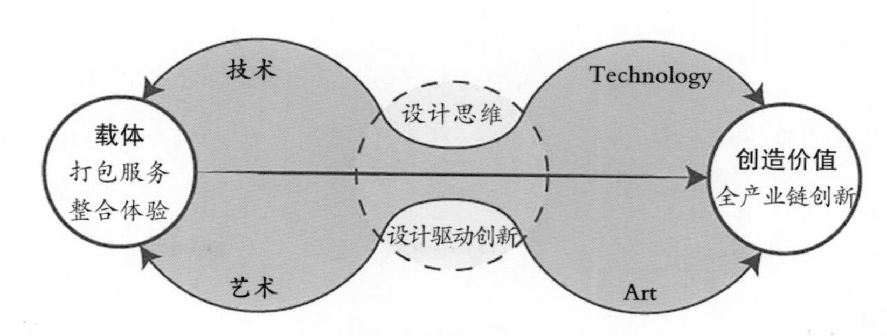

图7-1 湖南科技大学产品设计教育的能力范式

（2）围绕产业价值链和区域优势特色产业，创新教学内容

产品设计教育通过融合创新（而不是传统的增量创新）实现创新创业人才的培养，就需要以覆盖整个产业价值链、凸显价值链高端（研发端和营销服务端）的跨学科知识体系为目标。传统产业的转型升级和新兴产业发展面临的问题，并不是单纯的设计技能可以解决的，必须整合跨学科知识与技术，通过协同融合创新探索新方案。

一是围绕产业价值链，聚焦价值链高端，构建设计知识链与主干课。产品设计创新的本质是价值增值和价值创新。项目按照新科技革命背景下制造业价值链的分布特征，系统考虑研发体系、生产制造体系、销售与服务体系，以“价值创造”为目标延伸传统产品设计的服务链，系统构建产品设计的创新链“概念创新—技术创新—产品创新—商业与服务创新”。根据产品创新链在不同阶段的任务，构建超学科的产品设计知识链，进一步重构和整合产品设计类课程的知识系统。这些知识主要涉及用户与需求研究、问题定义、产品定义、场景构建/方案设计及表达、供应链整合、生产制造、营销策划、销售与服务设计、品牌设计与管理等（图7-2）。将超学科的产品设计知识经过整合和重构，形成产品设计专业主干课程体系；聚焦价值链高端（策划决策端和营销服务端），开发了“用户研究与产品定义”“设计思维”“产品设计工程基础”“服务设计”“设计管理”五门对接设计基础研究、设计工程化、设计商业化及价值管理的课程。通过超学科之间的开放性培养多维跨界创新能力，并从思想意识、知识和技能层面培养面向全产业链“打包服务”的综合性设计能力。

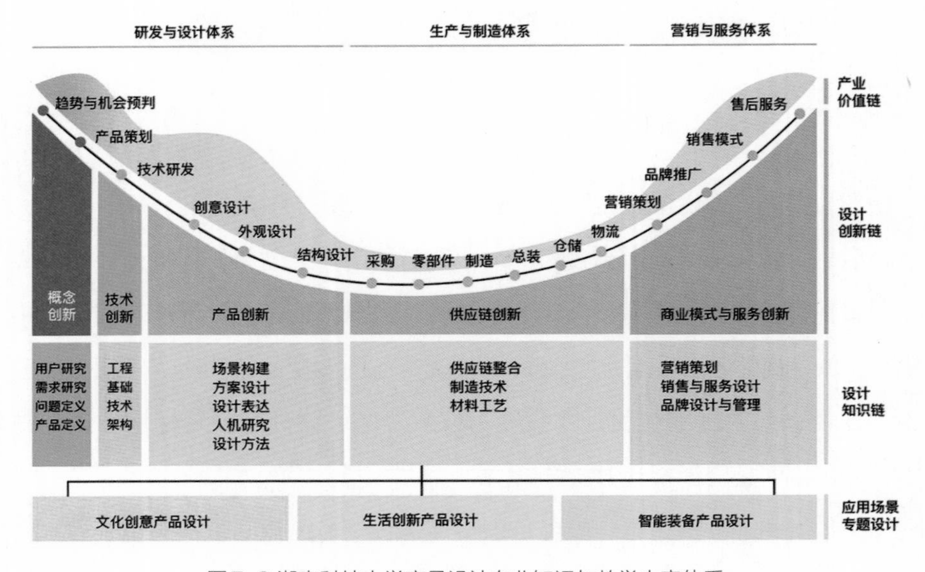

图7-2 湖南科技大学产品设计专业知识与教学内容体系

二是面向美好生活需求和湖南优先发展的支柱产业，开发三大产业领域设计课程模块。聚焦社会刚性需求的“人民日益增长的美好生活需要”和湖南省优先发展的支柱产业“先进装备制造”与“文化创意”，对接生活体验、智能技术、文化自信的时代要求与发展趋势，团队开发了三大设计课程模块，即“生活创新产品设计”“智能装备产品设计”和“文化创意产品设计”。学生可以根据自身特长和兴趣，选择任意模块。产业领域模块课程既有助于学生根据兴趣、特长和职业发展规划选择学习内容，也有助于培养“行业引领性的深度原创设计”能力，形成领域比较优势。

三是整合产业资源、设计实践案例和科研成果，基于“四重螺旋”模型（大学—产业—政府—社会公众）的超学科知识生产范式建设特色专业设计课，持续创新课程内容。在产业领域设计课程建设过程中，注重在教学中整合运用企业资源、设计实践案例和科研成果，“课程—项目—问题”协同融合，教学内容紧密结合产业真实需求。建设方式主要有两种，第一种是与产业合作，面向产业共性需求开发设计课程，如“整体厨房设计”“智能装备设计”等。其中，与广东“中国厨房”产业设计联盟、宁波方太集团等十余家企业合作，将企业设计研究与实践资源融入教学内容，出版了国内第一本厨房设计领域的专著《中国厨房设计学》，在全国率先开设了“整体厨房设计”课程，课程内容对接行业和学术前沿，实现“学生所学”与“企业所需”的无缝对接，该课程现已建设成为省级线上线下混合式一流课程。第二种是将科研成果转化成教学资源，建设产业需求的设计课程。如团队将教育部人文社科项目“湖南民间传统染织艺术资源数据库建设与应用研究”、湖南省社科基金项目“马王堆文化创意产品设计策略及开发研究”等十项省部级科研项目研究成果融入课程建设，开发了“文化创意产品设计”等课程。将教育部人文社科项目“价值链重构背景下工业设计产业转型的机制与路径研究”、中国博士后科学基金“‘互联网+’背景下的工业设计转型研究”

等4项省部级科研项目和企业咨询项目“小熊电器工业设计创新体系建设”“维尚工业设计创新体系建设”“万和新电器工业设计体系建设”等结合，开发建设了“设计管理”课程。

在整个产品设计专业教学内容构建的过程中，凸显了以下四个方面的特色：

一是强化跨学科融合与全产业链创新。突破学科界限，突出新科技革命背景下传统产业转型升级和新兴产业发展所需要的融合创新路径，围绕产业链和价值创造的需求构建跨学科知识体系，以支持全产业链融合创新的需要。在人才培养过程中，突出新科技革命对跨学科融合创新的内在要求，突出培养根据课题需要来挖掘、迁移、组织和整合应用知识与创造知识的思维与能力，培养其终身学习的能力。

二是凸显价值链高端化。在除了夯实“产品创新”这一环节中的传统设计知识与技能培养、制造体系的协同创新外，突出新科技革命对产品设计赋能中国制造与平台经济高质量发展的内在要求，产品设计教育要凸显对策划和研发端（概念创新、技术创新）、营销服务端（商业模式与服务创新）的重视，着力培养学生掌握设计驱动的产品创新思维与能力。

三是开发区域产业特色设计课程。结合区域优势发展产业和社会性需求，开发建设项目导向的区域产业特色设计课程。一方面，通过与地方产业或社会需求结合的项目导入，强化设计知识的整合运用和综合性创新设计能力培养，凸显专业化、领域设计优势与设计特色；另一方面，面向地域优势产业和社会生活需求的特色设计课程，强调创业的本土性和区域优势与资源，培养学生与产业的合作、发现和解决社会生活与区域产业中的真实问题，充分整合利用产业资源和供应链，解决实际设计问题、创造产业与社会价值的能力。

四是应用知识与创造知识并举。新科技革命背景下，科学与技术创新、生活方式的变化周期不断缩短，有些课程知识学生还没毕业就已经落后。正如弗里德曼（Friedman）所言，“大学应该尝试着以更快、更加频繁的速度调整课程设置和课程内容，以便与社会变化的速度保持一致。”为了应对知识的快速更新，师生要协同参与科学研究和设计服务项目，不断通过科研成果和设计服务资源的转化，支持教学内容快速更新。

3.思政育人与专业教学协同，以设计任务为依托，创新教学模式

树立广义的课程观，以设计任务为依托，“课程—项目—竞赛—服务—活动”五位一体，协同课内与课外，开放式培养学生的综合性创新设计能力和自主探索的学习能力（图7-3）。学生通过广义课程和活动获取设计知识，提高设计思维和可视化表达等非语言的思考与交流能力，为终身学习做好准备。

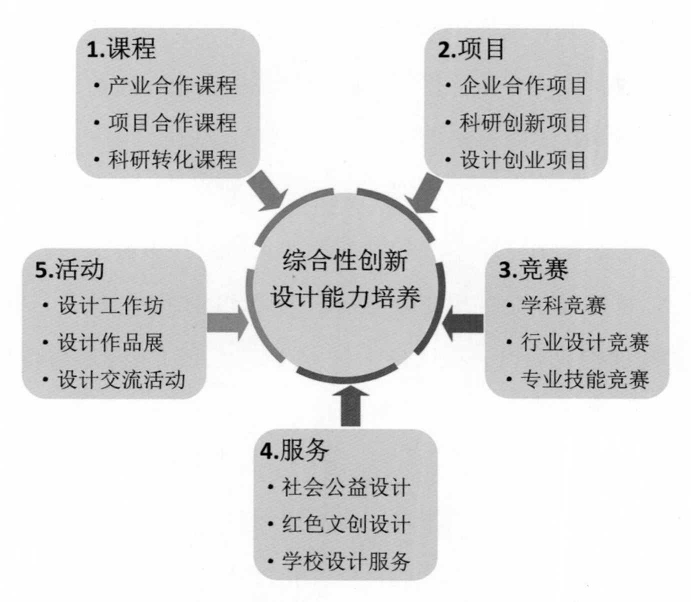

图7-3 综合性创新设计能力的培养方式

（1）开展项目合作式课程教学

除了产业合作课程和科研转化的课程建设外，团队将企业具体项目引入

教学，“课程—项目”深度融合，按照项目管理的方式组织设计教学活动。在教学过程中，依照项目任务设计学习内容，在“做—学—做”的过程中培养学生对用户和市场需求的洞察能力、跨学科知识的搜索与整合运用能力、产品创意的完善能力、设计成果的展示能力、“团队—时间—成本—供应链”的协调与管控能力。教学过程遵循以下原则：教师聚焦于设计任务的规划、设计进程的促进、组织讨论、提供案例示范；设计任务所要解决的问题一定是客观存在的；教学以设计任务的完成为导向，强调设计创新链各步骤的完成度，按照设计创新链的逻辑展示成果，鼓励团队协作完成设计任务；关注学习活动本身，实施形成性（学习活动）评价和总结性（学习结果）评价、个体评价和团队评价相结合，学生、企业专家和用户参与的开放式评价机制。如2017年将湘潭厚德路灯制造有限公司的“道路照明系列路灯、景观灯、庭院灯设计”项目纳入“专题设计”课程，完全按照项目流程组织课程教学，在学习过程中与企业深度对接，设计成果由企业邀请客户（建筑、规划设计院）和行业（湖南省照明协会）专家参与评审。

（2）组织开展设计服务、科研创新和创业项目

主要形式有：吸引学生参加教师主持的企业设计服务项目，组织团队开展落地性设计；指导学生申报以产业需求为导向的科研创新项目；指导学生申报和完成设计创业项目，组建创新创业工作室，自主开展设计项目服务，锤炼学生的团队协作和创新创业能力。

（3）组织学科与专业竞赛

教学团队利用产业资源，指导学生设计原创产品，参与国际国内院校与产业设计竞赛，培养学生的前沿设计思维和产业对接、协商、项目路演、答辩等综合能力，以提高他们的设计能力和专业兴趣。组织参与设计竞赛主要有三种形式：一是组织学生参与政府组织的学科竞赛；二是将企业需求以设计竞赛的方式组织学生完成，设计成果交付企业生产销售，同时联合企业参

与行业性竞赛；三是定期举办专业技能竞赛，锻炼学生的设计动手能力与审美基本功，如每年举办的“大学生手绘大赛”“大学生建构节”等竞赛活动。

（4）强化设计服务

通过与学校、产业和地方政府的协同，通过设计实践服务于学校、产业、社会公众，在完成设计公益服务的同时，加强学校与社会和产业的互动，锤炼学生的设计社会责任感和体验设计价值感。强化设计服务的方式主要有三种形式：一是承担和参加乡村振兴、精准扶贫、设计下乡等公益设计服务活动；二是结合党史学习教育等红色主题，组织开展红色文创设计服务活动，如服务党建100周年活动，在韶山毛泽东纪念堂举办红色文创设计展等；三是承担和完成学校各类设计需求等，如学校里的学术权杖、录取通知书、校门、校史馆、院史馆、校内环境改造等设计服务。

（5）组织和开展形式多样的设计活动

设计活动不仅是培养学术兴趣、展示学习成果、促进学术交流、体验设计文化与价值、营造学术氛围的重要方式，也能有效激发学生的学习动力与兴趣、提高学习效果、提升专业的社会影响力。活动形式主要有三种：一是积极举办各类设计展览，如课程作业展、设计主题展、产业交流展等；二是举办或参加校内外联合的非遗设计工作坊或产业设计特训营；三是参加设计产学研对接活动、设计沙龙、设计论坛和参观行业领先企业（如美的全球创新中心）等。

4.围绕设计创新链，校企协同建设实践教学平台

（1）校内实践教学平台建设

围绕设计创新链，从课堂教学、设计实践教学、设计创作与制作、创作成果展示与交流、设计环境与氛围营造五个方面的需求出发，系统推进专业教室、设计实践中心、大学生创新创业孵化基地“聚艺众创空间”、展览展示空间、设计开放空间建设，作为设计项目对接交流、设计任务开展实施和

设计成果展示宣传的平台，满足学生开放式学习和交流的需要。(图7-4)

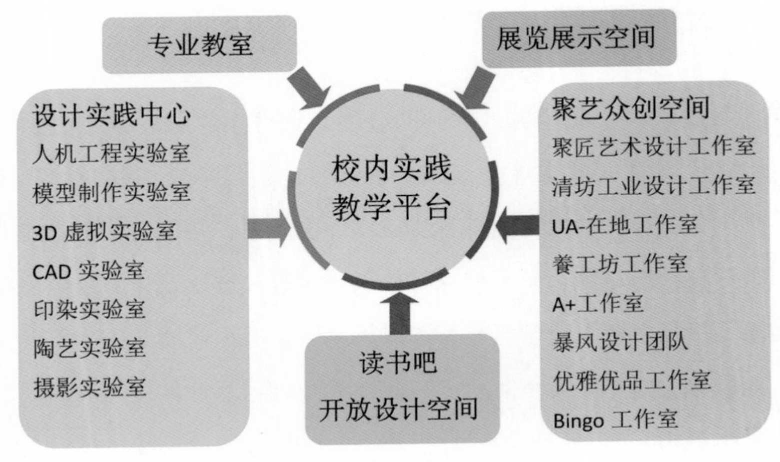

图7-4 校内实践教学平台

(2) 搭建产业链式实习实训基地和产学研协同设计与育人中心

“研究—设计—生产—销售”整合的产业链式实习实训基地建设是培养综合性创新人才的关键环节，是形成“设计创新要素融入制造业产业链全过程”的关键。在企业建设实习实训基地方面，团队先后与广东工业设计城、中国（长沙）创新设计产业园、深圳浪尖集团、湖南嘉宝、湖南华诺星空等20余家企业实训基地，长期开展实习实训教学。在联合企业组建产学研协同设计与育人中心（基地）方面，依托学校，分别与企业共建了教育部产学合作协同育人基地2个、湖南省普通高校校企合作创新创业教育基地1个、湖南省工业设计平台1个。依托企业，联合（参与）组建了国家级行业设计中心2家、省级工业设计行业中心5家。在为企业提供技术研发、设计、咨询等项目服务的同时，组织学生开展实习实训和项目实践。

5.利用企业平台和资源，培养教师产业意识，推进师资队伍建设

利用企业平台和资源，推进教师的知识更新，提高产业意识和设计实战能力，为人才培养提供师资保障。具体措施有：(1) 通过博士后、科技特派专

家、挂职等形式，选派教师到企业从事设计、管理等一线工作，提高教师的设计实践和项目管理能力。(2) 选派教师通过参与企业攻关项目，承担企业设计服务项目等，捕捉产业信息、快速补上企业实践经验短板，并逐渐锻炼成为行业专家。(3) 聘请企业知名专家、技术骨干、行业专家等，与校内教师联合指导实践教学环节、创新设计工作坊、毕业设计、设计竞赛项目等，校企双方共享设计成果，教师实践能力得到发展。(4) 聘请企业和行业协会（联盟）专家，参与研讨人才培养方案、教学计划、课程大纲等，授课教师根据技术、市场和产业趋势对教学内容和方式进行调整。(5) 组织校内教师定期参与行业协会、展会、设计沙龙、企业交流等活动，增强老师对市场和产业的认知。

1.3 项目研究与改革实践的结论

项目自2011年立项实施以来，经过10年的研究和持续改进，实践成效显著，人才培养的质量得到了显著提升。2019年，“产业需求牵引的产品设计类综合性创新人才培养模式与实践”获湖南省高等教育教学成果特等奖；2021年，湖南科技大学产品设计专业获批国家一流建设专业；“工艺融合的产品设计专业综合性创新人才培养模式与实践”获首批国家级新文科研究与改革实践项目立项。2019年至2021年，产品设计专业共培养毕业生97人，一次性就业率平均为94.8%。对2019届33名产品设计专业毕业生的跟踪调查显示，26名就业人员（不含在读研究生7人）中，从事产品策划、研发、设计、项目管理、营销与服务等方面工作的人员23人，占比88.4%。近三年的《湖南科技大学毕业生就业质量年度报告》显示，93.6%的产品设计专业毕业生对当前的状况满意，毕业生总体就业满意度较高。对近三届产品设计专业毕业生60人的抽样调查显示，用人单位普遍认为毕业生的思想素质高，综合设计能力强，具备良好的团队协作与创新精神。尚品宅配、金牌橱柜、广东新宝电器、美的等产业转型示范性企业高度评价了产品设计毕业生的综合性创新设计能力。部分毕业生开发设计的产品得到了行业的高度认可，如2015届毕业生李海中同学，在校期间入选文化部（现为文化和旅游部）文化产业创业创意人才库，现任广东新宝电器股份有限公司创新设计中心主任。毕业后为企业开发设计的新产品获国际红点设计奖6项、IF设计奖2项、中国创新设计红星奖2项。主持设计的自主品牌“摩飞”系列产品，多次引爆市场，“网红摩飞多功能锅”单品年销售额突破10亿，创造小家电销售奇迹。

项目实施具有显著的特色：

一是突出以“全产业链创新”和 “价值创造”为目的的课程群建设。项目以服务产业高质量发展为起点，突破以“学科知识”或“操作技能”构建专业课程体系的传统范式，转向以服务价值链高端化和区域优势产业高质量发展为逻辑起点，构建专业主干课和模块课。

二是突出超学科范式下开放、共享的课程内容建设。项目基于 “四重螺旋”模型，校内师生与产业、政府、社会公众深度合作，知识传授、知识生产、知识整合应用相互叠加，充分利用开放式资源，协同推进课程内容的生态化建设。

三是突出“以学习者为中心”的教学与育人范式。改变传统知识传授方法与技能培养模式，以设计任务为依托，“课程—项目—竞赛—服务—活动”五位一体，突出从智慧和行为两个方面推进思政育人与专业教学深度融合的培养模式。

改革实践成果在实践和推广的过程中，也得到了社会、行业高度认同和媒体的广泛关注。2022年，由中国工业设计协会主持，湖南省工业设计协会、广东省工业设计协会、长沙市工业设计协会参与，对改革实践成果 “产业需求牵引的产品设计类综合性创新人才培养模式与实践”开展了联合鉴定。专家组一致认为：研究成果创造性地按照“新科技革命→产业转型→教育转型”的逻辑改革人才培养模式，符合我国新时代的设计学科发展规律和趋势，达到了国内领先水平，对创新应用型设计类及相关专业的改革与建设具有引领和示范作用。《人民日报》（人民论坛网）[①]、中国美术报[②]和《设计》杂志[③]对湖南科技大学的改革实践成果分别做了题为《湖南科技大学：践行新发展理念，构建新教育范式，赋能产业创新力》《吴志军：深化产品设计教育改革，赋能产业高质量发展》和《吴志军："后疫情时代"设计教育面临的最大机遇和挑战是变革》的专题采访报道。

第二节　"整体厨房设计"课程建设实践

2.1课程建设背景与历程[④]

1.课程建设背景

《史记·郦生陆贾列传》有云："王者以民人为天，而民人以食为天。"厨房不仅仅是一个"把食材转变为食物"的场所，更是家庭生活的心脏，是家庭中活动最频繁，对生活质量、家风家教等影响最深刻的场所。快速城镇化战略的推进，为整体厨房产品提供了巨大的发展空间。按照奥地利百隆公司的统计和研究，一个厨房平均被使用20年，远远超过了汽车、家电、电脑和其他日常用品。用户在购买厨房时会仔细考虑家庭的发展和各种需求，厨房是家庭生活的心脏，是家庭生活最忙碌的地方；消费者每天在厨房逗留的频率相当高，厨房的品质直接影响到整个家庭的生活品质，甚至会影响整个

① 王驰.湖南科技大学：践行新发展理念，构建新教育范式，赋能产业创新力[N].人民日报（人民论坛网），2022-04-07.

② 李振伟.吴志军：深化产品设计教育改革　赋能产业高质量发展[N].中国美术报，2022-04-18.

③ 吴志军.吴志军："后疫情时代"设计教育面临的最大机遇和挑战是变革[J].设计，2021（8）：76-79.

④ "整体厨房设计"课程由湖南科技大学自主开发2023年获评国家级线上线下混合式一流本科课程。

家庭成员间的和谐关系与发展，或引发口角，或带来乐趣。在家庭装修的过程中，从客户投资和设计团队的工作两方面来看，厨房都占据着重要的位置。据业内专家测算，在城市家装消费中，厨房装修费用将占到30%以上。如何将厨房设计得生机盎然，满足用户在有限空间中的复杂行为需求；同时，创造个性化和艺术化的高品质生活空间，加强家庭成员之间的协作与交流，让消费者免去厨房生活中的口角和摩擦，让家庭主妇享受惬意的生活方式并赢得他人尊敬，这也正是当前厨房设计师的社会职责和设计伦理要求。

中国城镇家庭整体厨房作为西方国家的舶来品，广泛进入中国家庭已近30年。但是，随着社会和居住环境的发展，全盘引进的家庭整体厨房面临着诸多问题。中国现代城镇主流家庭的厨房空间狭小（调查统计显示，面积分布在$5m^2$—$8m^2$的厨房户数占72%以上），整体厨房家具和设备都是从西方直接引进的，厨房变成了一个技术集成的“封闭饭菜操作间”。全盘西化的主流家庭厨房，不但难以满足中国人的生活方式和饮食习惯要求，还加剧了家庭成员之间的隔离，阻碍了家庭成员共同参与家务、共同分担家务和相互之间的情感交流。一方面，单独面对繁重家务的家庭主妇容易产生压抑和“厨房暴躁症”；另一方面，其他家庭成员，特别是子女往往游离于家务之外，饭来张口，生活能力低下，缺乏最基本的家庭责任感和奉献精神，不利于家庭与社会和谐。研究表明，在80后离婚率高的七大原因里，家务能力低下排在第四。

中国传统厨房制造业推行“研发设计—大规模制造—营销服务”的产业链模式，重制造、轻研发与服务。“产能过剩、同质化竞争、缺乏创新与品牌、利润微薄”等是中国厨房产业当前面临的核心问题，严重制约了厨房产业的发展。随着21世纪的科技进展，信息化与工业化的深度融合，人们的生产方式、工作方式、学习方式、交往方式、生活方式、思维方式等，正在发生极其深刻的变化。同时，产品的结构模式和价值体系也在发生根本的变化。厨房作为家庭工作和生活的融合区，正在迎来数字化、智能化和标准化的发展。用户需求、商业模式和制造技术的发展，持续地扩展了设计的可能性和必要性。同时，设计的同化作用又不断地把商业需求、技术可行性和人文关怀整合于产品链及其服务之中。整体厨房的系统性设计及其产业化不仅涉及家庭生活方式、用户使用流程与服务体验，还涉及智能技术的应用和新的产业与商业模式（如智能家居、工业4.0、品牌整合与一体化营销等）等各个方面。

2.课程建设历程

“整体厨房设计”课程是面向高质量发展背景下的“美好生活需要”，对接新科技革命背景下产业与消费“双升级”，基于场景开发的跨行业设计课程。课程起源于2007年与企业合作的厨房设计项目，联合申报的省级工业设计中心对接企业需求和创新创业项目，开展了课程设计、学科竞赛、毕业设计等。通过科研成果与企业服务资源转化，生产教学内容，2013年正式在湖南科技大学产品设计、工业设计专业开设“整体厨房设计”课程。通过长期与行业龙头企业、行业协会、产业园区等合作，共制设计标准、共建教学资源与精品在线课程等方式，依托联合（参与）组建的国家级、省级工业设计中心、研发设计院、创新创业教育基地、创新创业中心等，从课程设计、学科竞赛、毕业设计、创新创业项目、设计精准扶贫服务等方面进行了持续建设与发展（图7-5）。

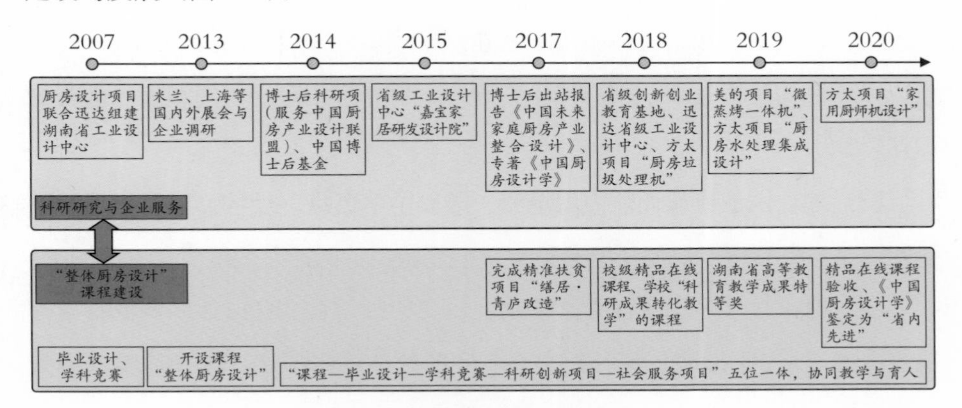

图7-5 课程建设与发展历程

2.2 课程建设目标与要解决的重点问题

1.课程目标

“整体厨房设计”课程从知识、能力、情感与素质四个维度，设置了课程建设目标。知识目标：认知中西整体厨房演变历史及规律；掌握厨房生活与环境、厨房产业现状及其发展趋势，以及厨房设计相关的人机工学、生活美学等跨学科知识。能力目标：掌握基于场景构建和用户体验的厨房整合设计方法，具备挖掘用户需求，洞察产品创新机会，创造、迁移和整合应用跨学科知识解决复杂设计问题的综合性创新设计能力。情感目标：增强对中国生活方式与饮食文化的自信，在实践中培养设计创造美好生活和驱动产业升级的责任感，塑造健康饮食观、家庭幸福观、美好生活观。素质目标：培养主动观察、发问、交流和协作的习惯以及乐观包容的心态，将专业与社会热点问题对接的敏感性；锤炼自我规划任务、管理进度、展示成果的终身学习素质。

2.课程要解决的重点问题

（1）产学研深度融合的教学与育人模式。引入科研成果与企业服务资源，建设课程内容；共享企业平台条件，解决学校资源不足；引入企业项目，开展设计任务导向的实践教学。

（2）基于场景和用户体验的课程建设模式。突破单一品类产品设计的局限，以场景构建为基础、用户体验为导向，培养学生跨界协同和整合创新的设计思维。

（3）综合性创新设计能力的培养。培养学生创造、迁移、整合运用跨学科知识，洞察厨房产品创新机会，解决“复杂设计问题”的能力。

（4）专业教学与思政育人紧密结合。将中国饮食文化自信和产业转型等国家战略、“光盘行动”等时代主题与实践教学紧密结合，在设计实践中塑造健康饮食观、家庭幸福观、美好生活观。

2.3课程建设方案

1.课程建设思路

课程针对当前中国整体厨房过度西化，厨房产业已形成的国际国内“双循环”新发展格局和产业与消费双升级的趋势，瞄准新科技革命背景下消费需求的不确定性远大于技术的不确定性特征，以中国家庭厨房的生活愿景和场景创新为导向，遵循设计驱动的创新模式，积极与制造业企业、设计企业、产业组织与行业协会、政府、展会、博物馆、卖场、体验馆、用户等对接，采取超学科范式，持续协同建设“整体厨房设计”课程（图7-6）。具体措施有：

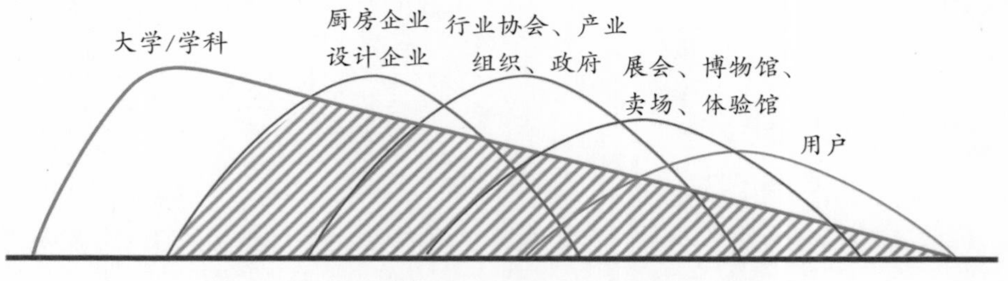

图7-6 基于超学科范式的“整体厨房设计”课程建设模式

一是以趋势研究、前瞻性设计和咨询服务项目为依托，与方太、美的、小熊、万和、维尚、嘉宝等50余家厨房行业的企业长期合作，在项目服务的过程中培养人才。同时，将项目服务成果转化为课程资源，随着合作的深入，不断加强课程内容建设。

二是以国家级、省级工业设计中心及创新创业基地建设、博士后工作站建设等为契机，联合广东“中国厨房”产业设计联盟、广东省工业设计协会等行业组织与协会，帮助小熊、维尚、万家乐、嘉宝等企业开展工业设计体系建设的咨询服务，协助建设国家级和省级工业设计中心，联合建设省级创新创业教育中心和教育基地，在获取行业趋势等教学资源的同时，为课程的实习实训环节搭建平台。

三是以中国厨房博物馆、米兰展等国内外20余个行业权威展会、厨房体验馆（生活馆）、卖场等为平台，在为企业提供各类调研、趋势分析服务的同时，将全球最新的资源和市场一线的信息整合到教学资源中，不断更新课程内容，让学生直观体验和及时了解行业前沿的情况与趋势。

四是以科研项目、企业服务项目、公益设计项目、学生创新创业项目和课程设计等为依托，带领学生先后到深圳、上海、杭州、广州、石家庄、长沙等地，入户调研了200余户家庭厨房，拍摄烹饪视频200余小时，深度访谈了50余位领先用户，研究了用户的饮食趋势、操作习惯、使用痛点、厨房生活愿景与期待等。在为企业提供服务的同时，培养了学生在真实生活场景中的观察、交流、发现与分析问题的能力，研究成果也不断丰富了教学资源与课程内容。

2.内容与资源建设

（1）课程内容

课程内容分为线上学习内容和线下学习内容，线上自主学习内容主要包括：中西厨房演变的历史、厨房系统的基本结构与形式、厨房设计的相关行业标准、厨房生活方式与产业现状、厨房用户研究方法与价值趋势等；行业典型案例、企业服务案例、学生优秀设计作品、在线开放设计资源等。线下学习主要包括：核心内容面授、用户研究、企业与展会调研、产品技术整合、产品原型架构、方案设计、汇报答辩等。

（2）资源建设

资源建设主要开发了在线课程“整体厨房设计”，连接了全球100余家企业的网站资源、典型的优秀设计案例、行业设计资源等。出版了国内第一本厨房设计领域的专著《中国厨房设计学》。完成了广东工业设计城博士后科研项目“中国未来家庭厨房产业整合设计研究”、方太厨房垃圾处理机概念设计等9项企业合作项目报告，100余户用户入户访谈与烹饪视频分析报告，学生获奖作品30余件，师生发表的相关论文20余篇。联合企业编制了《中国“好用”厨房标准（橱柜篇2015）》《如何打造好厨房》等行业标准和设计手册。

图7-7 教学资源——专著与研究报告

3.教学组织与实施

“整体厨房设计”课程充分共享了企业和社会资源，以设计任务为依托，课内与课外相结合，将学习场景从课堂、线上教学延伸到产业园、制造业企业、展会、博物馆、展厅（卖场）、企业实验室等，以培养学生的全产业链创新思维。在考核环节，强调设计任务的完成度，实施形成性（学习活动）评价和总结性（学习结果）评价、个体评价和团队评价相结合，学生、企业专家及用户参与的开放式评价机制。

教学实施过程中，具体采取了“145”教学法组织实施：“1”是线上教学，课前学生在线学习厨房基础知识、授课录像、案例，完成在线测试。“4”是线下教学的四个环节，即到真实用户厨房和企业调研体验；课堂讨论，指导学生制订任务、组建团队；开展项目设计，教师负责设计进程的促进、组织讨论、提供案例示范；学生分组交流讨论、协同设计、展示分享设计成果。“5”是课后深度学习和转化应用的五个方面，包括毕业设计、科研创新项目、学科竞赛、企业服务项目、设计下乡与扶贫/乡村振兴。

在课后设计创作和设计应用层面，通过不断扩展和充分共享厨房产业链间跨行业（厨房电器、厨房家具、厨房配套产品、厨房设备等）跨企业资源，开展毕业设计、科研创新项目、设计竞赛与设计公益服务项目。如2017年，应用研究成果指导学生参与顺德区青田村精准扶贫公益项目“缮居：青庐改造”（图7-8），为乡村老年人家庭设计修缮的厨房已投入使用，项目成果在2017年的广东工业设计周和中国北滘工业设计论坛进行了发布，获得了良好的社会反响。

图7-8 学生参加精准扶贫公益项目“缮居：青庐改造”及设计落地成果

2.4 课程建设成效与特色

1.课程建设成效

该课程通过校企合作持续建设，改革成效突出，深受学生、专家、企业和社会好评。负责人多次应邀到企业与行业组织、学术会议、高校等宣讲和推广建设经验。主要成果有：以课程建设成果为特色的项目获第十二届湖南省高等教育教学成果特等奖；完成国家级、省部级相关科研项目6项，企业服务项目9项；出版的专著《中国厨房设计学》鉴定为“省内先进水平”；学生完成创新创业与精准扶贫项目10项（其中国家级1项）、授权专利7项，发表论文15篇；学生厨房设计作品获省级及以上奖30余项，其中德国红点奖1项，国家级奖4项；为美的、方太、新宝等国内知名企业培养了大批创新创业人才，为公司开发设计的厨房新产品获德国红点、IF、中国设计红星奖等10余项；作为公司高管，负责完成了多个厨房企业的工业设计创新体系建设，有效推进了产业转型升级。

2.课程建设特色

“整体厨房设计”是针对美好生活需要和厨房产业转型发展对人才需求的趋势，通过科研成果和社会服务资源的转化，在全国率先开发的一门“产—学—研—用”深度融合的设计课程，具有鲜明的特色。

（1）专业教学与思政育人紧密结合

将中国饮食文化自信、产业转型升级等国家战略与课程紧密结合，在设计实践中融入“精准扶贫”“光盘行动”等时代主题，塑造健康饮食观、家庭幸福观、美好生活观。

（2）创造性地开发了基于场景的跨行业整合设计课程

培养过程中，以用户体验性需求为中心，师生协同，创造知识与应用知识并举，文化自信与创新思维并重，突出培养解决“复杂设计问题”的综合性创新能力。

（3）多维融合，持续开放建设课程

“科研—教学—社会”服务结合，面向学科和产业前沿，师生协同创造与整合知识，持续创新教学内容；“线上—课堂—项目—竞赛—社会服务”五位一体，协同教学与育人，实现学习过程和学习结果的探究性与个性化；“学校—企业—行业组织—社会”结合，构建开放共享的设计实践与应用平台（图7-9）。

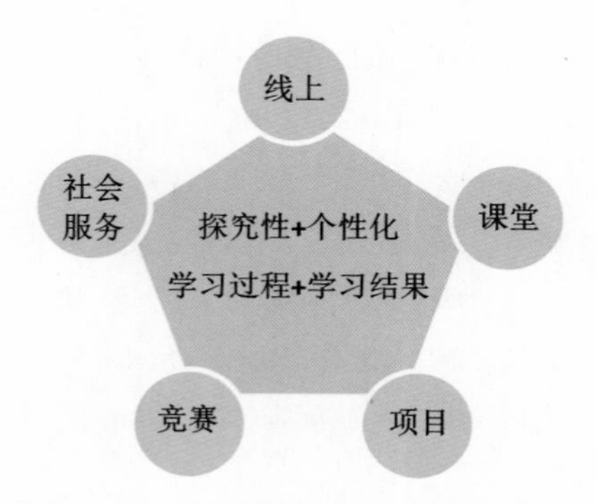

图7-9 “五位一体”的协同教学与育人模式

参考文献

[1]约翰·亨利·纽曼.大学的理想（节本）[M].徐辉，顾建新，何曙荣，译.杭州：浙江教育出版社，2001.

[2]德里克·博克，曲强，译.大学的未来：美国高等教育启示录[M].北京：中国人民大学出版社，2017.

[3]凯文·凯里.大学的终结：泛在大学与高等教育革命[M].朱志勇，韩倩，等，译.北京：人民邮电出版社，2017.

[4]克拉克·克尔.大学之用[M].高铦，高戈，等，译.北京：北京大学出版社，2019.

[5]约瑟夫·E. 奥恩. 教育的未来：人工智能时代的教育变革[M].李海燕，王秦辉，译.北京：机械工业出版社，2019.

[6]戴维·索恩伯格.学习场景的革命[M].徐烨华，译.杭州：浙江教育出版社，2020.

[7]雅斯贝尔斯.什么是教育[M].邹进，译.北京：生活·读书·新知三联书店，1991.

[8]克劳斯·雷曼.设计教育，教育设计[M].赵璐，杜海滨，译.南京：江苏凤凰美术出版社，2016.

[9]阿兰·柯林斯.什么值得教？技术时代重新思考课程[M].陈家刚，译.上海：华东师范大学出版社，2020.

[10]迈克尔·G.卢克斯，K.斯科特·斯旺，阿比·格里芬. 设计思维：PDMA新产品开发精髓及实践[M].马新馨，译. 北京：电子工业出版社，2018.

[11]杰夫·戴尔，赫尔·葛瑞格森，克莱顿·克里斯坦森.创新者的基因（珍藏版）[M].曾佳宁，译.北京：中信出版社，2020.

[12]克莱顿·克里斯坦森，等.创新者的任务[M].洪慧芳，译.北京：中信出版社，2019.

[13]克莱顿·克里斯坦森.创新者的窘境[M].胡建桥，译.北京：中信出版社，2014.

[14]米哈里·希斯赞特米哈伊.创造力：心流与创新心理学[M]. 黄钰苹，译.杭州：浙江人民出版社，2015.

[15]戴维·温伯格.知识的边界[M].胡泳，高美，译.太原：山西人民出版社，2014.

[16]野中郁次郎，竹内弘高.创造知识的企业：领先企业持续创新的动力[M].吴庆海，译.北京：人民邮电出版社，2019.

[17]米泽创.项目管理式生活[M].袁小雅，译.北京：北京联合出版公司，2019.

[18]约翰·赫斯科特，克莱夫·狄诺特，苏珊·博慈泰佩.设计与价值创造[M].尹航，张黎，译.南京：江苏凤凰美术出版社，2018.

[19]吉斯·多斯特.不落窠臼：设计创造新思维[M].章新成，译.北京：人民邮电出版社，2018.

[20]埃里克·冯·希普尔.用户创新：提升公司的创新绩效[M].陈劲，朱朝晖，译.上海：东方出版中心，2021.

[21]IBM商业价值研究院.平台经济：后疫情时代，获得更大生存空间[M].北京：东方出版社，2020.

[22]王受之.世界现代设计史[M].北京：中国青年出版社，2004.

[23]眭依凡.大学理想主义及其实践研究[M].北京：北京师范大学出版社，2019.

[24]丁少华.重塑：数字化转型范式[M].北京：机械工业出版社，2020.

[25]肖正德，王荣德，吴银银.大学课堂教学组织与管理[M].上海：上海教育出版社，2020.

[26]李亮之.包豪斯：现代设计的摇篮[M].哈尔滨：黑龙江美术出版社，2008.

[27]高雄勇.我在小米做爆品：让用户觉得聪明的产品才是好产品[M].北京：中信出版社，2020.

[28]杨剑飞."互联网+教育"：新学习革命[M].北京：知识产权出版社，2016.

[29]吴红雨.价值链高端化与地方产业升级[M].北京：中国经济出版社，2015.

[30]杨少杰.进化：组织形态管理[M].北京：中国发展出版社，2014.

[31]丛龙峰.组织的逻辑[M].北京：机械工业出版社，2021.

[32]黎万强.参与感：小米口碑营销内部手册（珍藏版）[M].北京：中信出版社，2018.

[33]饶建维.教师专业发展：理论与务实[M].台北：五南图书出版公司，1996.

[34]Roberto Verganti. Design-driven Innovation: Changing the Rules of Competition by Radically Innovating What Things Mean[M]. Boston: Harvard Business School Publishing Corporation, 2009.

[35]Claudio Dell'Era, Alessio Marchesi, Roberto Verganti. Mastering Technologies in Design-Driven Innovation[J]. Research-Technology Management, 2010（2）：12-23.

[36]Cara Wrigley. Design Innovation Catalysts: Education and Impact [J]. Sheji, The Journal of Design, Economics, and Innovation, 2016(2):148-165.

[37]Lucy Kimbell. Rethinking Design Thinking：Part I[J].Design and Culture, 2011(3)：285-306.

[38]Kenneth B. Kahn. Understanding Innovation[J]. Business Horizons, 2018（1）：1-8

[39]Crilly N，Good D，Matravers D，et al. Design as Communication: Exploring the Validity and Utility of Relating Intention to Interpretation[J]. Design Studies，2008，29（5）：425-457.

[40]Alain Findeli. Rethinking Design Education for The 21st Century: Theoretical, Methodological, and Ethical Discussion [J]. Design Issues，2003（1）：5-17.

[41]唐纳德·诺曼，董占军.为什么设计教育需要改革[J].设计艺术，2014（2）：6-9.

[42]原磊.新一轮科技革命和产业变革背景下我国产业政策转型研究[J].中国社会科学院研究生院学报，2020（1）：84-94.

[43]魏晨，西桂权，张婧，等.当代科技革命的内涵及对未来发展的预判[J].中国科技论坛，2020（6）：37-43.

[44]陈套.迎接新一轮科技革命和产业革命[J].决策咨询，2020（6）：66-69.

[45]何传启.新科技革命的预测和解析[J].科学通报，2017（8）：785-798.

[46]路红艳.科技革命推动现代产业体系建设[J].中国国情国力，2018（1）：29-32.

[47]袁志刚.新发展阶段中国经济新的增长动力——基于宏观经济的长期增长和短期波动分析框架[J].人民论坛·学术前沿，2021（6）：12-21.

[48]陈雪颂，陈劲.设计驱动型创新理论最新进展评述[J].外国经济与管理，2016（11）：45-57.

[49]徐蕾，倪嘉君.设计驱动型创新国内外研究述评与未来展望[J].科技进步与对策，2015（20）：155-160.

[50]曾惠芳，李化树.英国纽曼与德国洪堡的大学理念比较[J].理论观察，2009（4）：110.

[51]别敦荣.新一轮普通高校本科教育教学审核评估方案的特点、特色和亮点[J].中国高教研究，2021（3）：7-13.

[52]曹晶.本科教学评估的价值取向及审核评估实施的思考[J].财经高教研究，2021（1）：28-31.

[53]卢国英.美国NASAD认证对中国艺术和设计教育的启示[J].设计艺术研究，2017（3）：39-43，48.

[54]庄丽君.美国工业设计本科教育的特点分析——基于8所高校的样本研究[J].世界教育信息，2017（15）：36-38，42.

[55]胡文娟，沈榆.设计实践教育环节的必要性——以德国教育方式为例[J].设计，2015（19）：104-105.

[56]董冠妮.德国高等艺术设计教育的研究、学习和借鉴[J].艺术教育，2015（3）：232.

[57]杨超.德国布伦瑞克美术学院设计教育启发——设计工作室教学模式的实践研究[J].设计，2016（8）：112-113.

[58]代红阳.务实有效的德国设计教育模式：以德国奥芬巴赫设计学院为例[J].山东农业工程学

院学报，2015（1）：187-188.

[59]陈冉.德国应用型设计教育模式探究——以安哈尔特应用技术大学设计学院为例[J].艺术与设计（理论），2018（10）：150-152.

[60]王晓玲，张德祥.试论学科知识生产的三种模式[J].复旦教育论坛，2020（2）：12-17.

[61]傅琳，王焕祥．“大学—产业—政府—民间”创新的四重螺旋初探[J].管理观察，2011（17）：114-115.

[62]马永斌，王孙禺.大学、政府和企业三重螺旋模型探析[J].高等工程教育研究，2008（5）：29-34.

[63]董春雨，郭艳娜.认识黑箱视角下相关性与因果性关系之辨析[J].自然辩证法研究，2020（12）：54-59.

[64]王中江.强弱相关性与因果确定性和机遇[J].清华大学学报（哲学社会科学版），2020（3）：145-156，211.

[65]胡飞，张曦，沈希鹏.论设计知识的跨学科集成路径[J].室内设计与装修，2016（11）：136-137.

[66]张执南，荣维民，谢友柏.丹麦中小微企业的创新创业成功案例启示[J].科技导报，2017（22）：46-51.

[67]刘有升，陈笃彬.冰山模型视角下高校创新创业人才素质研究——基于福建省的实证分析[J].电子科技大学学报（社会科学版），2014（4）：70-74.

[68]吴志军，那成爱，肖璐，等.产业转型背景下工业设计教育的理论基础[J].当代教育理论与实践，2016（6）：31-33.

[69]刘坤，樊增广，李继怀，等.基于创新创业人才综合能力培养的知识整体化教育路径[J].现代教育管理，2018（3）：42-46.

[70]刘坤，冯亮花，韩仁志.基于知识整体化课程改革的思索与策略[J].教育教学论坛，2016（9）：30-31.

[71]金姗姗，冯夏宇.在评估范式转向间发现高校课程转型方向[J].教育发展研究，2021（5）：53-60.

[72]季铁.季铁：湖南大学设计艺术学院“新工科·新设计”人才培养教学体系与实践研究[J].设计，2021（20）：50-57.

[73]余隋怀.余隋怀：中国工业设计新工科建设必要性解析及建设路径思考[J].设计，2021（20）：58-61.

[74]吕杰锋.“新工科”建设背景下面向“新能力”的工业设计专业教育改革[J].设计艺术研究，2020（6）：8-12.

[75]朱涌河."以学习者为中心"教学范式的理论依据[J].丽水学院学报，2018（4）：113-117.

[76]楚东晓，李锦，蒋佳慧.从定性方法实践到定量过程认知：设计思维研究的现状与进展[J].装饰，2020（10）：88-92.

[77]吴志军，邢江浩，王玥.基于"设计平台+设计园区"的工业设计专业实践教学改革[J].当代教育理论与实践，2017（4）：38-40.

[78]刘晶晶.大数据时代"产学研"协同创新设计论坛纪要[J].装饰，2015（2）：42-47.

[79]吴志军，那成爱."互联网+"背景下厨房系统的设计服务模式[J].包装工程，2016（8）：12-15.

[80]刘宁.面向智能互联时代的中国工业设计发展战略和路径研究[D].南京：南京艺术学院，2021.

[81]陈雨.乌尔姆设计学院的历史价值研究[D].无锡：江南大学，2013.

[82]庄葳.从包豪斯到乌尔姆的理性设计教育历程[D].汕头：汕头大学，2010.

[83]王启瑞.包豪斯基础教育解析[D].天津：天津大学，2007.

[84]张振辉.从概念到建成：建筑设计思维的连贯性研究[D].广州：华南理工大学，2017.

[85]Saul J. Berman，Peter J. Korsten，Anthony Marshall.数字化重塑进行时[R].北京：IBM 商业价值研究院，2016.

后　记

以信息物理融合系统为标志的新一轮科技革命正在加速重塑产业、社会和高等教育的发展范式。2015年至2017年，我有幸在广东工业设计城从事博士后科研工作，亲身经历了新科技革命驱动的制造业和工业设计产业的变革。在广东工业设计城期间，经常与制造业企业的高管、工业设计企业的创业者、以产品创新为主体的小微企业创业者、工业设计师等探讨工业设计产业发展趋势、设计驱动的创新案例、设计人才培养模式与产业对人才需求之间的矛盾等方面的话题。在交流中，我深深感受到工业设计教育变革的紧迫性，以及工业设计教育赋能传统产业蝶变升级和新兴产业裂变发展的时代使命。

新科技革命加剧了知识的不确定性和科学技术之间的跨界融合创新，驱动产业和经济社会的快速变革。工业设计教育发展的进程与工业革命的演进历程高度契合，与产业模式和经济社会的深度协同是现代设计教育蓬勃发展和成功的基本逻辑。为了对接新的经济—技术和社会发展范式，大学的工业设计教育需要重新定义自身的价值和范式，应该尝试着以更快、更加频繁的速度调整工业设计专业的教学内容、教学方法和组织模式，以便与社会变化的速度保持一致。

本书从高等工业设计教育与中国工业设计产业高质量发展的特殊矛盾出发，突破了“应用艺术”或“应用技术”的传统设计教育的学科范式，从新科技革命背景下大学、产业、经济社会及学习范式变革的开放式超学科视角，沿着“新科技革命背景下的产业变革、知识生产模式变革、学习范式变革、人才质量观的转变→工业设计的教育范式转型→工业设计的教学系统重构→工业设计教学方法的创新→协同创新组织、模式与平台的创新→实践检验与理论优化”的逻辑路径，对新科技革命背景下工业设计教育的变革开展系统的理论建构和实践探索。撰写过程中，结合湖南科技大学产品设计专业和“整体厨房设计”国家级一流课程建设为例，检验了本书的理论成果在专业建设与改革、课程建设和人才培养等方面的应用成效。

本书的核心部分是湖南科技大学产品设计国家级一流专业建设点、首批国家级新文科研究与实践项目“工艺融合的产品设计专业综合性创新人才培养模式与实践”、教育部人文社科规划基金项目“价值链重构背景下工业设计产业转型的机制与路径研究”，湖南省普通高等学校教学改革研究重点项目“融合创新视域下产品设计专业人才培养的超学科范式及其实践研究”等项目研究的成果。

在本书完成之际，首先感谢撰写团队成员在上述项目研究和实践中的辛勤劳动！感谢各个项目平台提供的支持和出版资助！感谢中国工业设计协会、湖南省工业设计协会、广东省工业设计协会和长沙市工业设计协会联合对本书的部分成果进行了鉴定！感谢两位博士后合作导师清华大学柳冠中教授和湖南大学何人可教授，以及何晓佑、陈江、马春东、胡启志、邵继民、蒋红斌等专家在成果鉴定过程中对本书核心内容和思想提供的指导！感谢邝思雅、阮子才玉、向迪雅、彭浩、李雪、彭娇娆、谢欢欢、唐英、梁芸、吴璇等研究生小伙伴们在调研、资料整理和撰写过程中所付出的辛勤工作！感谢广东省工业设计协会等行业组织和各个合作企业提供的资料与支持！感谢校友李海中、张映琪、李姝慧等提供的资料支持！感谢西南大学出版社袁理编辑的辛勤工作和大力支持！感谢爱人和女儿假期中在工作室的陪伴和默默支持！本书中引用了许多国内外专家学者的资料和研究成果，在此表示深深的谢意！

尽管我们在撰写本书的过程中力求严谨科学，但涉及多学科的内容十分丰富，再加上研究者的知识水平和实践经验的局限，还存在很多地方有待改进、完善和进一步研究。本书疏漏、错误和不妥之处在所难免，敬请广大读者指正。

吴志军

2024年3月于湖南科技大学月湖湖畔

图书在版编目(CIP)数据

新科技革命背景下的工业设计教育变革 / 吴志军,杨元,那成爱著. 一重庆:西南大学出版社,2024.4
ISBN 978-7-5697-1550-7

Ⅰ. ①新… Ⅱ. ①吴… ②杨… ③那… Ⅲ. ①工业设计-教育改革 Ⅳ. ①TB47

中国版本图书馆CIP数据核字(2022)第168708号

新科技革命背景下的工业设计教育变革

XIN KEJI GEMING BEIJING XIA DE GONGYE SHEJI JIAOYU BIANGE

吴志军　杨元　那成爱　著

选题策划:袁　理
责任编辑:袁　理
责任校对:戴永曦
整体设计:王正端
排　　版:张　艳
出版发行:西南大学出版社(原西南师范大学出版社)
地　　址:重庆市北碚区天生路2号
本社网址:http://www.xdcbs.com
网上书店:https://xnsfdxcbs.tmall.com
印　　刷:重庆新金雅迪艺术印刷有限公司
成品尺寸:170mm × 240mm
印　　张:17
字　　数:259千字
版　　次:2024年4月　第1版
印　　次:2024年4月　第1次印刷
书　　号:ISBN 978-7-5697-1550-7
定　　价:98.00元

本书如有印装质量问题,请与市场营销部联系更换。
市场营销部电话:(023)68868624　68253705

西南大学出版社美术分社欢迎赐稿。
电话:(023)68254657